U0662895

我叫大数据

张伟洋　宫兆阳◎著

電子工業出版社·

Publishing House of Electronics Industry

北京·BEIJING

内 容 简 介

本书以大数据为第一人称，通过生动的语言、通俗易懂的方式，将复杂的技术概念逐一拆解，如数据库、SQL、算法、数据治理、可视化、人工智能、机器学习等，带领读者从基础原理到实际应用，全面了解大数据技术体系。

无论你是大数据技术领域的初学者，还是有一定经验的从业者，这本书都将成为你探索大数据世界的指南。

图书在版编目（CIP）数据

我叫大数据 / 张伟洋, 宫兆阳著. —— 北京：电子

工业出版社, 2025. 8. —— ISBN 978-7-121-50894-3

Ⅰ . TP274

中国国家版本馆CIP数据核字第2025CX2942号

责任编辑：白雪纯

印　　刷：天津嘉恒印务有限公司

装　　订：天津嘉恒印务有限公司

出版发行：电子工业出版社

　　　　　北京市海淀区万寿路173信箱　　　　邮编：100036

开　本：720×1000　　1/16　　印张：16.5　　字数：268千字

版　次：2025年8月第1版

印　次：2025年8月第1次印刷

定　价：68.00元

凡所购买电子工业出版社图书有缺损问题，请向购买书店调换。若书店售缺，请与本社发行部联系，联系及邮购电话：（010）88254888，88258888。

质量投诉请发邮件至 zlts@phei.com.cn，盗版侵权举报请发邮件至 dbqq@phei.com.cn。

本书咨询联系方式：（010）88254456。

前言

大家好，我的名字叫大数据。

你也许听说过我的名字，或者在工作或日常生活中和我打过交道，但你是否真的了解我呢？我不仅仅是一组数字、一行代码或一个技术名词，我还是这个信息时代的核心力量。我的存在已经深深影响了每个行业、每个角落，改变了你观察世界、解决问题的方式。

在这本书中，我将使用第一人称向你讲述我的故事。从最早的"计数石头"到今天无处不在的数字洪流，我经历了漫长的进化，从一个简单的概念成长为了如今全球瞩目的技术基石。同时，我的家族也在不断壮大，数据库、SQL、算法、数据清洗与治理、可视化、人工智能、机器学习、云计算、区块链、物联网等家族成员构成了现代科技的脊梁。

这本书不同于以往你读过的技术类书籍。它以生动、通俗易懂的语言，揭示了复杂数据世界背后的秘密。无论你是技术专家，还是对大数据充满好奇的初学者，本书都将带你领略那些看似深奥的概念下的不一样的风景。

我不是冷冰冰的数字，我有智慧，有故事，有情感。阅读本书你会发现，我可以为医生提供更精准的诊断数据，帮助政府制定更有效的公共政策，甚至预测自然灾害和气候变化。我的能力已经从幕后走向了台前，改变了金融、医疗、交通、教育等各领域的发展轨迹。

本书不仅仅旨在帮助你理解大数据，更想让你了解大数据在日常生活中是如何运作的，以及你应该如何利用大数据为自己、为社会创造更高的价值。

添加作者微信号"jock90"，与作者交流疑难问题；关注作者公众号"奋斗在 IT"，获取更多学习资源。

目录

第 1 章

大家好，我叫大数据

大家好，我叫大数据。在这一章中，我将向大家讲述我的起源和成长历程。从石头到字节，我对人类文明影响深远。

1 我的成长历程：从小小的石头到壮大的字节

和我一起来看一下我的成长历程吧！

最初的我：原始部落中的计数石头

你知道吗？在我还没有变成手机、电脑中飞速跑动的数字前，我最初的模样可是一块块计数石头。没错，就是普通的小石头！

想象一下，在很久很久以前，当原始部落中的人们想要知道他的羊群里有多少只羊时，他就会找一块石头代表一只羊。如果他有三只羊，他就会找三块石头。简单吧！但这就是我最初的模样——实实在在、朴实无华的小石头。

每当想要检查羊是否全部回到了羊圈时，人们就会数石头，之后对照羊圈中羊的数量。这样，只要石头的数量和羊的数量一致，人们就可以安心睡觉了。

这个方法看似简单，但对当时的人类来说是个巨大的创新。你现在通过数字可以轻松地了解银行账户中的余额、购物时消费的数额等，但在那个年代，我就是以石头的小小身躯起到了桥梁的作用。

我从那时候开始，就成了人类生活中不可或缺的一部分。虽然今天的我看起来和小石头差距很大，但我服务人类、帮助人类更好地理解和改变这个世界的心始终如一。

所以，当你再次看到那些被海浪冲刷得光滑的小石头时，也许可以想一想，那可能是一个古老的"数据库"，它记录了某个部落的财富或故事！

我的成长轨迹：从小小的字节到庞大的数据宇宙

当你翻看童年照片时，看到自己从一个"小土豆"长到如今的样子，心中是不是满是感慨！我也同样经历了漫长的成长历程。从最简单的计数石头到如今的数据宇宙，我的成长历程可是跨越了数千年。

之前，我以最简单的形式存在——小石头。但我不是普通的石头，而是用于计数和记录的物件。人们用"计筹"（一种木制的计数工具）来帮助自己计算和记账。

随着时间的流转，我经历了"换装"，以文字的"样貌"出现在大家面前。甲骨文、竹简、丝绸，都曾是我的栖息之地。《易经》《山海经》这些古籍，成了传世的经典之作保存了那个时代的我。

然而，我真正的"飞跃"其实是在计算机时代！在计算机中，我以字节（Byte）为单位存在。起初，我居住在如同 MP3 播放器那样的小空间里，就好像住在简陋的茅草屋里一样，一首普通的 MP3 歌曲大约只有 5MB，也就是 5,000,000 字节。但随着科技的飞速发展，我开始搬入越来越宽敞的房间——电脑硬盘。1TB 的硬盘对我来说就好像壮丽的宫殿，足以存下大约 20,000 首歌曲。

但这远远不是终点。在现代的数据中心，数据量有时以 Zettabyte（ZB）计算。数字之大，简直超出了人类的想象。这个"数据宇宙"由无数的"数据星球"组成，闪闪发光，充满魅力。

所以，每当你上网看视频、搜索信息或利用云服务办公，都是在这个"数据宇宙"中遨游，探索未知的"星球"。

虽然我已变得如此宏大，但我的初心依旧——为人类提供有价值的信息，使人类的生活更加丰富、美好！

2 我为何这么火？

在最近几年里，我火遍了全球。但这不是靠运气，而是我有真才实学。

我的舞台：从厨房计时到火箭发射

当谈到"舞台"时，你可能会想到那些明亮的聚光灯、华丽的服饰、热情洋溢的观众。但对我来说，舞台遍布整个宇宙！从你家的厨房到深邃的宇宙，都有我独特的身影。你或许经常听说"从百草园到三味书屋"的故事，那么今天就来说说我"从厨房计时到火箭发射"的故事。嘿，听起来是不是也很有范儿！

小小计时器，大大的能量

要知道，中国有着几千年的烹饪文化，从宫廷菜到家常小炒，每道菜都是一门艺术。而在这艺术背后，时间是最关键的元素。想象一下，当家中的大厨在炖鲍鱼，或者蒸龙须菜时，短短一两分钟的误差可能与"美味"失之交臂。此时，默默立在厨房角落的计时器就显得尤为重要了。它准确无误地记录下每一秒，时刻提醒大厨时间到了！我就藏身于这个计时器内，默默守护着每一道美食的诞生。

电梯里的我，点亮你的每一程

要想进入现代化的高楼大厦，电梯是必不可少的。它不仅是一个交通工具，更是连接各个空间的纽带。每一次乘坐电梯都像是一次小小的旅程。进入电梯，按下楼层按钮，电梯门缓缓合上，随后你就被平稳地带到了目的地。

这看似简单的过程，背后却蕴藏着大量的数据计算和控制逻辑。这里我作为数据的守护者，为电梯提供了智能的"大脑"。从确定电梯提速、保持平稳、到精确停靠，每一步都有我保驾护航。

火箭升空，我为先锋

现在，我们来到了科技的尖端——火箭发射基地。在这里，我的作用更为关键。每当火箭升空，背后都有大量的数据进行实时传输和计算。火箭的每一次发射，都需要对无数参数进行精准调整，如推力、角度、燃料消耗、与卫星的对接等，每一个细节都关乎整个任务的成败。而在这背后，就是我在忙碌地运作，如同一个宇航总指挥，全权负责火箭的每一个动作，确保它能够精准地到达预定的轨道，完成任务。

与你同在的我

其实，除了上面提到的场景，我还存在于生活中的许多地方。当你在手机上查找路线，背后的导航算法是我在运行；当你在线上购物，推荐的商品列表是我根据你的喜好计算出来的。可以说，我与你的生活密不可分，我是现代社会运转的重要组成部分。

小贴士： 我的舞台从日常生活中的小物件，到高科技的大项目，无处不在。你可能没有意识到，但我一直在你身边，为你的生活带来便捷和乐趣。这个世界充满了数据的魔法，而我，正是魔法背后的魔法师，为你创造无尽的可能。

我的超能力：从预测天气到做出决策

说起"超能力"，你可能马上想到了飞檐走壁、千里眼、顺风耳，这些武侠小说中的神奇技能。但今天，我要带你进入一个不一样的超能力世界，这是一个由数据和算法构成的魔法王国。在这里，我不仅可以预测天气，还可以参与制定国家政策。这听起来很震撼吧！那就让我们一同揭开这神秘的面纱吧！

天气先知：掌握大自然的秘密

在古代，民间总有一些能够"知天气"的智者，他们通过观天象、听风声，甚至闻土味来预测天气。但现如今，这样的神奇预测已经不再稀奇。这是因为有我在背后默默相助。

当你打开手机上的天气预报软件，背后都是我在运行。通过收集海量的气象数据，我可以进行复杂的模型分析，从而预测接下来几天的天气。当你看到"明天有 60% 的概率下雨"的提示，就知道应该把雨伞带在身边。不过，我的能力并不仅限于此。通过对大量历史数据的分析，我还可以预测未来几个月，甚至几年的气候变化。这对于农业生产、水资源管理等领域都是至关重要的。

国策背后的我：为国家提供依据

你知道吗？当国家领导人在做决策时，我也会被召唤到场。从经济发展策略、社会治理到环境保护，都有我的身影。

以经济发展策略为例，制订一个国家五年或十年的发展计划需要大量的数据支持。我可以帮助决策者分析人口增长、资源分配、国际经济趋势等因素，为决策者提供有力的数据支持，进而使其在未来的几年中调整政策，使国家更加繁荣。

再如，当面对环境问题时，我可以分析过去几十年间的环境数据，预测未来的环境变化趋势，并给出建议。这些建议可能包括如何更好地管理水资源、处理

城市垃圾，或者在哪些地方种植树木以减少沙尘暴。

为社会保驾护航

当然，我的能力还远不止于此。在社会治理方面，我也发挥了巨大的作用。通过分析大量的社会数据，如人口流动、教育资源、医疗条件等，我可以帮助决策者制定更为合理、高效的政策，以确保资源分配的均衡。

例如，在教育领域，我可以预测未来的人才需求，并据此提出关于教育资源配置的建议。在医疗领域，我可以分析疾病的流行趋势，为医疗机构提供有力的决策支持。

小贴士： 我作为一个拥有超能力的数据分析工具，已经深入每一个领域，为人类的生活带来了无尽的便捷和可能性。无论是预测天气，还是参与国策制定，我都在为这个世界创造更多的美好。希望通过我的介绍，你能对我有更深入的了解，更珍惜我为你带来的每一条建议和信息。

第 2 章

我的近代成长历程

在本章中，我将回顾从早期的磁带、光盘等简单存储形式，到如今复杂的分布式数据库和多样化数据格式的发展历程。通过数据库、SQL 及分布式系统的不断进化，我从零散的数据碎片逐步成长为今天的"大数据"，具备了强大的存储、管理和处理能力，成为现代社会中不可或缺的一部分。

3　我的童年回忆：被遗忘的数据碎片

在计算机发展的初期，我和计算机都只是蹒跚学步的孩子，对我来说，数据储存和数据管理是一个大挑战。不像今天，随手就可以保存许多照片、视频或文件，那时的数据容量和存储方式都非常简陋和有限。今天，就让我带你回到那些充满童年回忆的日子，看看那些如今可能已经被你遗忘的数据碎片。

磁带与光盘：早期的数据存储

音乐和声音曾被装进磁带，伴随人们漫游天下。但磁带能存储的内容总归是有限的。之后，光盘成为新的潮流，将数据存储的空间提升到了一个新的高度。这不仅是技术的进步，更是数据存储历史上的重要篇章。

磁带的魅力

那么，你知道磁带是如何工作的吗？简单来说，磁带通过对其表面进行磁化来存储数据。这听起来似乎有些复杂，但实际上，你可以将其视为一个超级魔术贴。

试想一下，你有一堆小磁铁，每一个磁铁都可以被翻转成北极朝上或南极朝上。这些磁铁代表了二进制的 1 和 0。所以，当你听到磁带里的音乐时，其实就是磁带在读取这些磁化的信息，并将其转化为声音。

还记得那时的磁带吗？你可能曾经试图用铅笔或手指回绕乱掉的磁带。那时的你不仅是听众，还是音乐播放的参与者。这是一种与音乐互动的方式，也是一种与数据直接互动的方式。

磁带的录音与回放过程如图 2-1 所示。

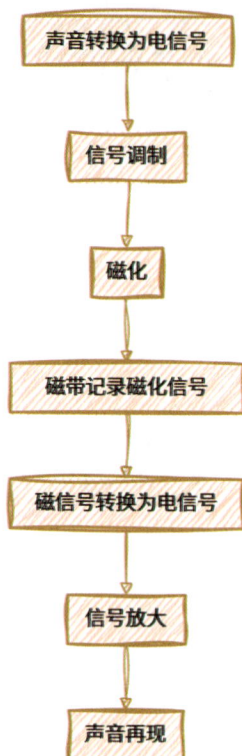

```
┌─────────────────────┐
│    声音转换为电信号    │
└─────────────────────┘
          │
          ▼
   ┌──────────────┐
   │    信号调制    │
   └──────────────┘
          │
          ▼
      ┌────────┐
      │  磁化   │
      └────────┘
          │
          ▼
┌─────────────────────┐
│    磁带记录磁化信号    │
└─────────────────────┘
          │
          ▼
┌─────────────────────┐
│   磁信号转换为电信号   │
└─────────────────────┘
          │
          ▼
     ┌──────────┐
     │   信号放大  │
     └──────────┘
          │
          ▼
     ┌──────────┐
     │   声音再现  │
     └──────────┘
```

图 2-1

光盘的魅力

随着时间的推移，光盘成为数据存储的新宠。它使用的是光学技术。你可以把光盘想象成一个有着无数凹坑的平面。这些凹坑和平坦区分别代表 1 和 0。当激光头扫描光盘表面时，它读取的其实就是这些凹坑和平坦区的信息。

这种技术不同于磁带，因为它不再依赖磁化，而是依赖光。这也是为什么当你在光盘上划痕时，数据可能会丢失，因为那些凹坑可能会被破坏。

光盘的出现使音乐、视频和其他数据的存储与传输变得更加方便。你知道音乐 CD 或 DVD 播放机吗？这些都是光盘技术的应用。

光盘的技术原理如图 2-2 所示。

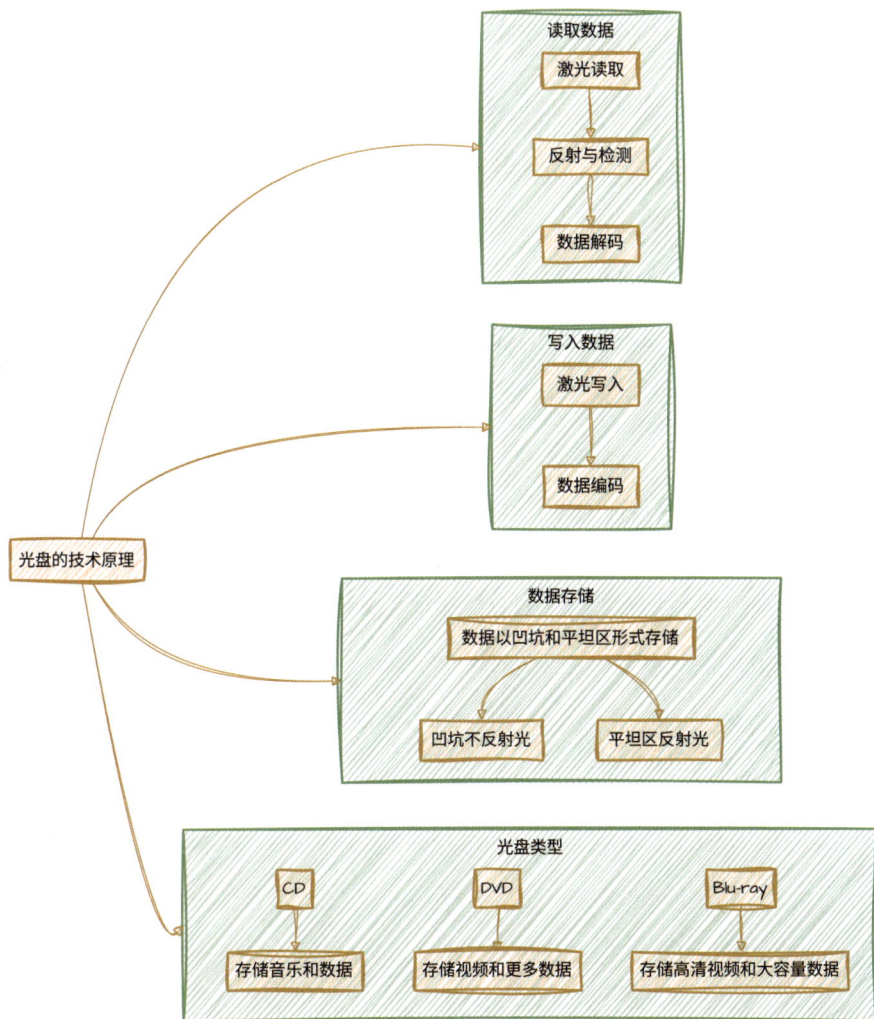

图 2-2

磁带与光盘的影响

两者虽然技术原理不同，但都极大地推动了数据存储技术的发展。在那个没有云存储和 U 盘的时代，磁带和光盘是最重要的数据载体。

它们不单单是存储设备，还承载了人们的回忆，如被珍藏的家庭录像、在深夜聆听的音乐等。

小贴士： 回想那些年，我们与数据的交互方式如此烦琐。今天，随着技术的飞速发展，许多早期的存储方式已经逐渐退出舞台。但无论如何，它们在数据存储历史上的贡献是无法忽视的。

数据的碎片：数据格式的演变历程

当我还是一个稚嫩的小数据时，我发现我可以变换为不同的形态，有时长得像表格，有时长得像文字，还有时长得像代码。不同的形态使得我在特定的环境中能发挥出不同的优势。但同时，我的每个形态都有各自的性格，有时也会造成一些小麻烦。下面，我将向你介绍我的不同形态（数据格式）的成长故事，以及我在生活中的不同表现。

文本（TXT）文件

文本文件像古时的简笔画，简单而直接。但由于太过简单，并不适合存储复杂信息。

文本文件的使用场景如下。

★ 记录笔记：学生上课时可以使用文本文件来记录简要笔记。

★ 存储代码：程序员可以使用文本文件来编写和保存简单的代码片段或脚本。

★ 配置文件：软件的配置文件，如 .ini 文件。

文本文件的数据格式如下。

这是一个简单的文本文件。
其中包含几行文本。
没有特殊的格式。

表格（Excel）文件

表格文件像是古人开始写字时使用的毛笔，笔触细腻，可以表达更多的信息。

表格文件的使用场景如下。

★　数据分析：数据分析师可以使用表格文件进行数据分析和处理。

★　财务报表：企业的财务部门可以使用表格文件制作财务报表和预算报表。

★　数据导入／导出：网站或应用程序可以使用表格文件来导入／导出数据。

表格文件的数据格式如图 2-3 所示。

图 2-3

CSV 文件

CSV 全称为"Comma-Separated Values"，即逗号分隔值。它可能是存在时间最长、最简单的文件格式之一，有着非凡的生命力。

CSV 文件由多行内容组成，每行都代表一条数据记录，字段之间用逗号分隔。因为它的简洁性，很多应用都支持 CSV 格式文件的导入／导出，如电子表格和数据库等。当我需要与其他系统交换数据，或者进行大量的数据迁移时，我可以变换为 CSV 文件，这是一个快速且可靠的选择。

CSV 文件的数据格式如下。

```
姓名 ， 年龄 ， 职业
张三 ， 45, 工程师
李四 ， 35, 医生
王五 ， 19, 学生
```

XML 文件

走进 XML 的世界，就如同进入了一个万花筒。XML 全称为 "eXtensible Markup Language"，是一种可自定义标签的标记语言。与 JSON 相比，XML 更像是一个多功能的工具箱，可以应对各种场景。

XML 文件不仅可以用于描述数据，还可以用于描述数据的结构。例如，在电子商务中，供应链信息、商品目录等复杂数据，都可以通过 XML 文件来展现。XML 文件的另一个优点是它的自描述性，即使你从未见过某种特定的 XML 文件，你也可以轻易地理解它的内容。

XML 文件的数据格式如下。

```xml
<person>
  <name> 小王 </name>
  <age>25</age>
  <hobbies>
    <hobby> 唱歌 </hobby>
    <hobby> 跳舞 </hobby>
    <hobby> 编程 </hobby>
  </hobbies>
</person>
```

数据库

到了信息化时代，我成长为数据库，拥有了更强大的组织和查询能力。

数据库的使用场景如下。

★　网站后台：动态网站可以使用数据库来存储用户信息，管理内容。

★　企业管理系统：ERP 系统可以使用数据库来管理业务流程和数据。

使用 Navicat 软件查看数据库中的用户数据，数据格式如图 2-4 所示。

id	name	age	occupation
1	张三	45	工程师
2	李四	35	医生
3	王五	19	学生

图 2-4

JSON 文件

为了适应特定的应用需求，我学会了变换成用于网络传输的 JSON 文件，像是人们为了特定的场合而选择的合适的服装。

JSON 文件的数据格式如下。

```
{
  "employees": [
    {
      "name": " 张三 ",
      "age": 45,
      "occupation": " 工程师 "
    },
    {
      "name": " 李四 ",
      "age": 35,
      "occupation": " 医生 "
    },
    {
```

```
        "name": " 王五 ",
        "age": 19,
        "occupation": " 学生 "
      }
    ]
  }
```

小贴士：我希望你在了解我的不同形态之后，能更好地理解我在日常生活中的应用和价值。在不同的场景中选择不同的数据格式，这样可以让你的生活更加便捷。

4 青涩的少年时期：积累的数据块

当我站在巨大的"数据宇宙"中，回首自己的成长历程时，竟找不到一个比少年时期更加青涩、混乱又充满梦想的时期了。这个时期的我并不是一块完整的大数据，而是众多小的数据块，每一块都有自己的特点和故事。就像人类的青春期，充满了探索、追求的冲动与激情，我也是在这段时期不断地积累、整合，最终形成了如今的我。

数据库的诞生：管理的需要

在我的成长历程中有着很多关键时刻，而数据库的诞生绝对是其中的一个重大里程碑。

数据的"家"

每个人都需要一个家，家是一个温暖的地方，可以安放自己的心和灵魂。对我来说，数据库就是那个家。的确，数据库是我的一种形态，但这种形态的外壳给予了我无限的温暖。在此之前，我只是一堆零散的数据块，没有固定的归处，犹如流浪的孩子。而数据库让我有了一个可以安定下来的地方。

什么是数据库

在整理书架时，你可能会根据书的种类或作者进行分类，之后把它们放在不同的层架上，这样当你想找一本书时，就可以迅速地找到它。简单地说，数据库就是这样一个"电子书架"。

但数据库不仅仅是一个"电子书架"，它有着复杂的系统和结构，可以实现数据的存储、查询、更新和删除。更重要的是，数据库的设计和管理是为了更高效地使用和管理数据。所以，我总是觉得，数据库是一座专属于我的"智能豪宅"。

数据库的作用如图 2-5 所示。

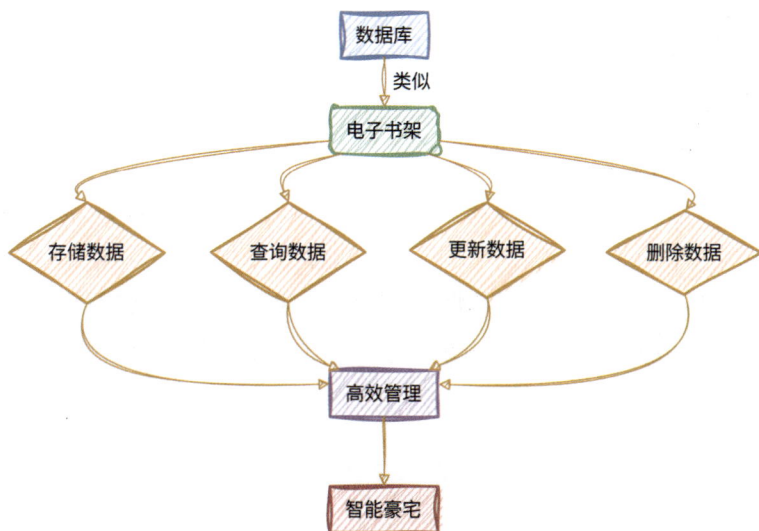

图 2-5

数据库的初衷

想象一下，如果你所有的书都堆放在书架的同一层中，当要找其中一本书时，你可能需要翻遍所有的书，费时费力。相反，如果你所有的书都有固定的位置，那么找东西就变得容易多了。这就是数据库的初衷，管理和组织杂乱无章的数据块。

数据库的种类和演变

初期的数据库非常简单，被称为"平面数据库"。但随着数据量的增加和应用需求的复杂，这种简单的数据库已经无法满足人们的需求。于是，出现了各种各样的数据库，如关系数据库、对象数据库、分布式数据库等。

每种数据库都有其独特的特点和优势，可针对不同的应用场景进行优化。例如，关系数据库像一个巨大的电子表格，可以很好地管理结构化数据；而分布式数据库像一个大型的数据网络，可以同时在多个位置上存储数据。

小贴士： 数据库的出现，无疑创建了一个全新的时代。它不仅为我提供了一个温馨的家，更是我的得力助手，帮我进行管理和组织工作。回想那些年，每当我感到迷茫和困惑时，都是数据库给予我力量和指引，让我不断前进。

关系数据库：数据的规整之家

关系数据库是数据的"规整之家"，它就像一个有序排列的大书架，把所有的数据都整齐地摆放在指定的位置。让我们一起来看看这个规整之家的奇妙之处吧！

什么是关系数据库?

想象一下,你有一个超级整洁的书架,每本书都有固定的位置,而且按类别、作者、年份等分类标注得一清二楚。每当你需要找一本书时,只需轻松找到对应的分类,就可以瞬间找到它的位置。这就是关系数据库的工作原理!

关系数据库是一个使用表格来存储数据的系统。每个表格(或者说表)都像一个书架,表格中的行和列分别代表数据的记录和属性。行是具体的数据记录,如某本书;列是记录的属性,如书名、作者、出版年份等。关系数据库的图书表如图 2-6 所示。

书名	作者	出版年份	价格	分类
《Python编程:从入门到实践》	埃里克·马瑟斯	2016	128.00	编程
《解忧杂货店》	东野圭吾	2014	39.50	小说
《追风筝的人》	卡勒德·胡赛尼	2003	35.00	小说
《深度学习》	伊恩·古德费洛	2016	89.00	人工智能
《智能时代》	吴军	2016	68.00	科技
《百年孤独》	加夫列尔·加西亚·马尔克斯	1967	45.00	小说

图 2-6

关系数据库的构成

关系数据库由多个表构成,这些表通过特定的规则和关系链接在一起,就像一本百科全书的各个章节相互关联。它们通过一个叫作“主键”的东西来识别每条独特的记录,并通过“外键”建立表与表之间的联系。关系数据库的构成如图 2-7 所示。

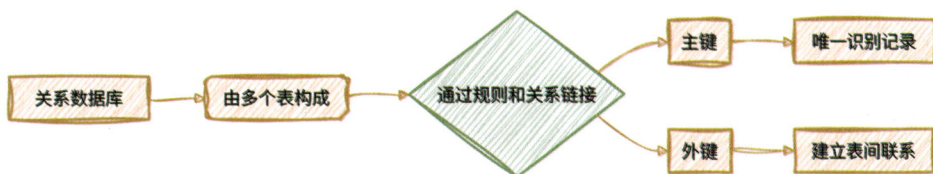

图 2-7

主键和外键：数据的联络员

★ 主键：主键是每张表的"身份证"，确保每条记录都是独一无二的。例如，在图书表中，书籍的 ISBN 号可以作为主键，因为每本书的 ISBN 号都是唯一的。

★ 外键：外键是链接表与表之间关系的桥梁。它引用了另一张表的主键来建立关联。例如，在图书借阅记录表中，外键可以是图书表中的 ISBN 号，表示哪本书被借阅了。

关系数据库的主键和外键的关系如图 2-8 所示。

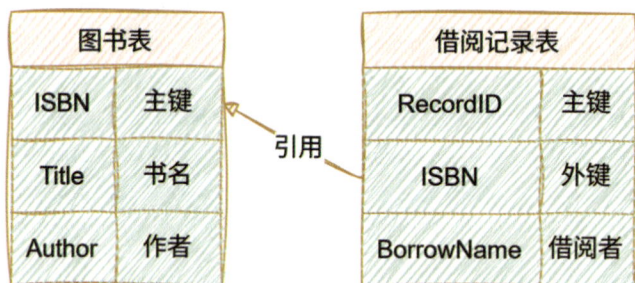

图 2-8

这种固定的格局提高了查找效率。当你想要查找某本书时，可以直接根据书名、作者或其他信息快速定位，而不必在书架上逐一寻找。同样地，当你想要查找某个数据时，可以轻松定位它在哪张表中，位于哪一列、哪一行。

关系数据库的操作语言

还记得我们的好朋友 SQL 吗？是的，SQL（结构化查询语言）是与关系数据库进行对话的桥梁。通过 SQL，你可以对数据库进行各种操作，如查询、插入、更新和删除数据等。SQL 就像是你和数据库之间的翻译官，把你的指令翻译成数据库可以理解的语言。

假设你有一张图书表，其中包含书名、作者、ISBN 和出版年份等信息。你可以用 SQL 来查询所有 2023 年出版的书籍。

```
SELECT * FROM 图书 WHERE 出版年份 = 2023;
```

这条 SQL 语句告诉数据库："嘿，给我所有 2023 年出版的书！"数据库会迅速做出响应，找出符合条件的所有记录。

小贴士： 关系数据库通过主键和外键建立了数据之间的关系，通过 SQL 你可以轻松地查询和管理数据。这样一个既规整又可靠的数据库，是不是让人感觉数据管理变得轻松、愉快了呢！

对象数据库：面向对象的存储魔法

刚刚我们探索了关系数据库这个"规整之家"的奥秘，现在让我们进入另一个神奇世界——对象数据库。对象数据库可是面向对象编程世界中的存储魔法师，它可以让数据不仅仅是规整的表格，而是带有属性和行为的对象。

什么是对象数据库？

你的手机中不仅有联系人列表（相当于数据），还可以向每个联系人拨打电话、发送短信（相当于行为）。对象数据库把这样的对象存储在数据库中，不仅保存数据，还保存对象的行为和方法。

对象数据库是一种直接支持对象数据模型的数据库。与关系数据库不同，它的存储单元不是表，而是对象。每个对象都包含数据（属性）和操作数据的方法（行为）。对象数据库的构成示例如图 2-9 所示。

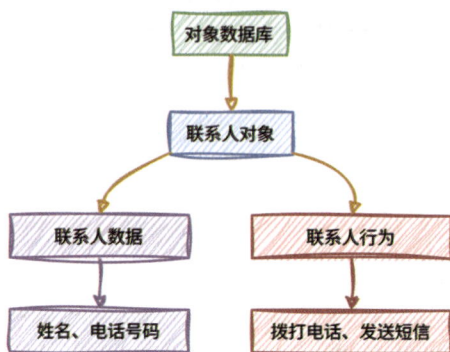

图 2-9

对象数据库的构成

在对象数据库中，数据以对象的形式存储。每个对象都包含多个属性和方法。下面是对象数据库的核心概念。

* 类和对象：类是对象的模板，定义了对象的属性和方法；对象是类的实例，拥有具体的属性值和行为。例如，"学生"类可以定义"姓名"、"年龄"和"学号"等属性，以及"注册课程"和"查看成绩"等方法。

* 对象标识（OID）：每个对象都有一个唯一的对象标识，类似于关系数据库中的主键，用来唯一标识对象。

类和对象的关系如图 2-10 所示。

图 2-10

什么是面向对象编程?

面向对象编程（OOP）是一种编程范式。它的核心思想是将现实世界中的事物和行为抽象成类和对象。类就像一个模板，描述了一类事物的共同属性和方法；而对象则是类的实例，代表了具体的事物。例如，一个小鸟、一个小猫和一个小狗。每一个生物都有姓名、颜色、大小和叫声等属性，但它们的属性值不尽相同。在编程中，你可以定义一个生物类，之后基于这个类创建各种各样的生物对象，如图 2-11 所示。

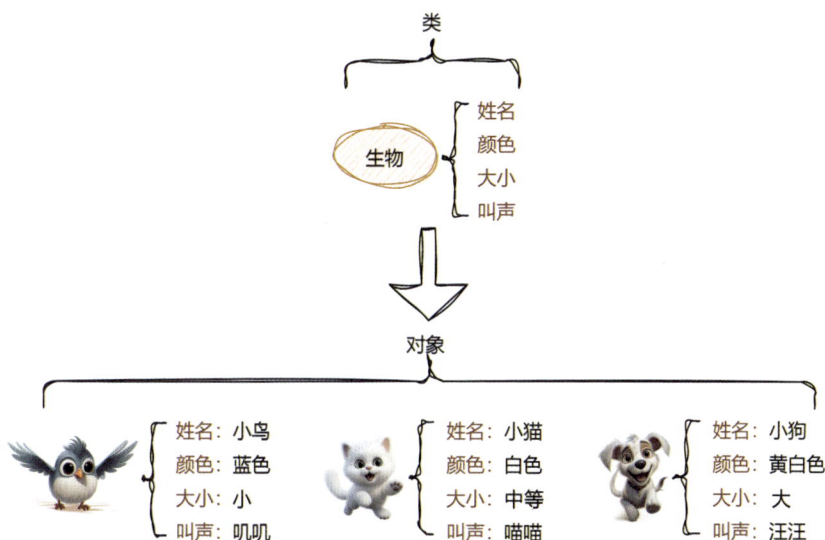

图 2-11

对小鸟、小猫、小狗进行面向对象编程，Python 示例代码如下。

```python
# 定义生物类
class Animal:
    # 定义属性
    def __init__(self, name, color, size, sound):
        self.name = name    # 姓名
```

```
        self.color = color    # 颜色
        self.size = size      # 大小
        self.sound = sound    # 叫声

    # 定义方法（行为）
    def make_sound(self):
        print(f"{self.name} 发出声音：{self.sound}。")

    # 定义方法（行为）
    def describe(self):
        print(f"{self.name} 是一个 {self.color} 色的 {self.size}
生物。")

# 创建生物对象
bird = Animal("小鸟", "蓝色", "小", "叽叽")
cat = Animal("小猫", "白色", "中等", "喵喵")
dog = Animal("小狗", "黄白色", "大", "汪汪")

# 调用对象的方法
bird.describe()     # 输出：小鸟 是一个 蓝色 的 小 生物。
bird.make_sound()   # 输出：小鸟 发出声音：叽叽。

cat.describe()      # 输出：小猫 是一个 白色 的 中等 生物。
cat.make_sound()    # 输出：小猫 发出声音：喵喵。

dog.describe()      # 输出：小狗 是一个 黄白色 的 大 生物。
dog.make_sound()    # 输出：小狗 发出声音：汪汪。
```

这段代码基于 Animal 类创建了三个对象：bird（小鸟）、cat（小猫）和 dog（小狗），并为每个对象赋予了不同的属性值。make_sound() 方法是生物发出声音的行为，describe() 方法是描述生物的行为。

小贴士： 对象数据库是数据存储世界中的一位魔法师，它让数据不仅仅是静态的表格，而是充满活力的对象，拥有属性和行为。通过与面向对象编程的无缝结合，对象数据库使数据操作变得更加自然、高效。

分布式数据库：分而治之的大数据仓库

我们已经探索了关系数据库和对象数据库的奇妙世界，现在是时候迈入另一个充满魔力的领域了——分布式数据库。这个大数据仓库并不是一般的存储系统，它可是"分而治之"的高手，让我们来看看它是如何管理海量数据的吧！

什么是分布式数据库？

想象一下你家里的书多得数不清，你一个人根本没办法管理。于是，你把这些书按照分类分成了很多部分，每个房间负责存放一部分，这样查找和管理就变得轻松多了。分布式数据库的管理方法与这个方法类似，把数据分布到多个节点（相当于多个房间）上进行存储和处理，如图 2-12 所示。

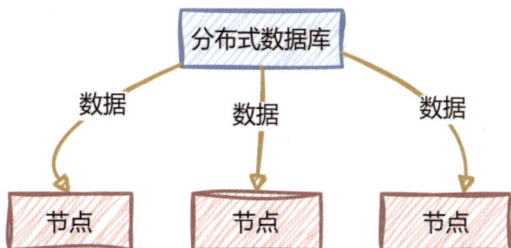

图 2-12

简单来说，分布式数据库是一个智能的系统，它通过把数据存储在多个位置（通常是不同的服务器或数据中心）来使数据处理变得更灵活，速度更快。这样做也不会因为某个位置出现问题而影响整体的数据安全。

分布式数据库是如何工作的？

1）节点（Node）：数据的小房间

想象一下，你有很多个小房间，每个房间都有一个管理员，负责管理对应房间内的所有书。你如果需要查找一本书，则可以同时询问所有的管理员，他们会告诉你这本书在哪个房间，这样就能快速找到需要的书。

在分布式数据库中，这些房间（节点）就是存储和处理数据的基本单元。每个节点都是一个独立的小数据库，存放着一部分数据，所有的节点一起工作，共同完成数据库的任务。

分布式数据库的工作原理如图 2-13 所示。

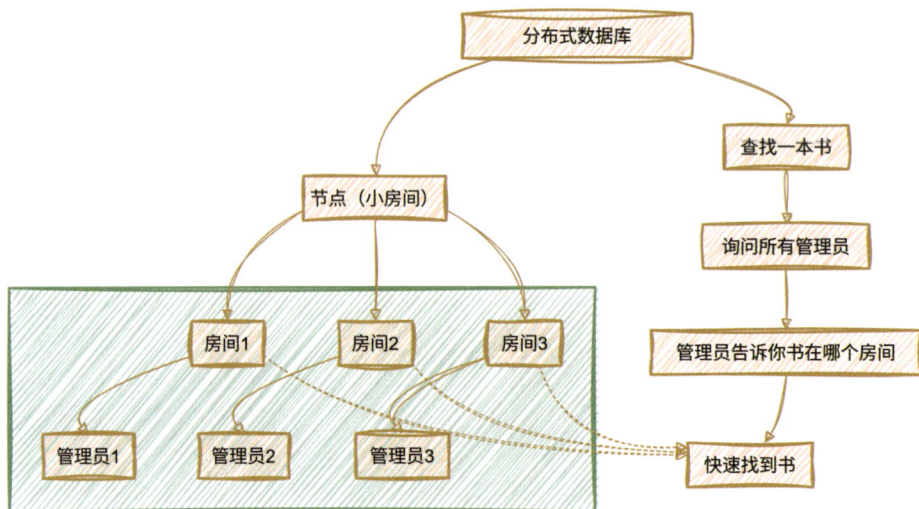

图 2-13

2）数据分片（Sharding）：分类整理书籍

想象一下，如果你家的所有东西都堆在一个房间中，那么找东西是不是很麻烦？你可以把东西按照类别放好，比如衣服放在衣柜里，书放在书架上，这样

找起来就容易多了。数据分片也是这个道理。

在大型的数据库中，所有的数据都放在一起，就像把所有的东西都堆在同一个房间中一样，非常难以管理。所以，你可以按照一定的规则，把数据分成多个小块，就像把衣服、书、杂物分开放置一样。之后，把这些小块数据存放到不同的电脑上，也就是人们所说的节点。

每台电脑只负责管理自己的那一小块数据。这样，当你要找某个信息时，只需要去那台存放着相关数据的电脑上找，就像你要找书就只需要在书架中找一样，非常快，也非常方便。这就是数据分片的原理，通过这种方式，我们可以让数据库更加高效地工作。

数据分片的原理如图 2-14 所示。

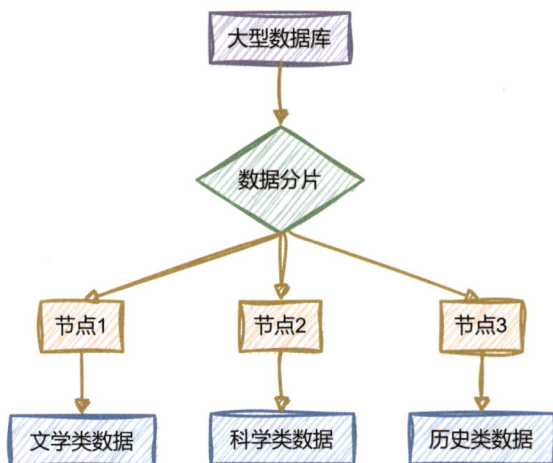

图 2-14

3）数据复制（Replication）：备份数据

想象一下，你有一本非常重要的书，你害怕这本书丢失或损坏。为了安全起见，你决定多买几本同样的书，放在不同的地方，比如你的卧室、客厅和书房。这样，即使有一天卧室的书不见了，你还可以从客厅或书房找到这本书。这就好

像你家里有好几本《哈利·波特》，即使借给朋友一本，家里还有其他一模一样的书可以看。对比数据库，这样做数据就永远不会丢失！

数据复制也是这个道理。在分布式数据库中，我们不想因为某台电脑（节点）出现问题而丢失数据，所以会把数据复制几份，存放在不同的电脑上。这样，即使一台电脑坏了，其他电脑上还有数据副本，我们可以继续使用这些副本，就像你可以在不同的房间找到想要的书一样。这就是数据复制的工作原理，它确保了数据安全、可靠，不会因为某台电脑损坏而丢失。

数据复制的工作流程如图 2-15 所示。

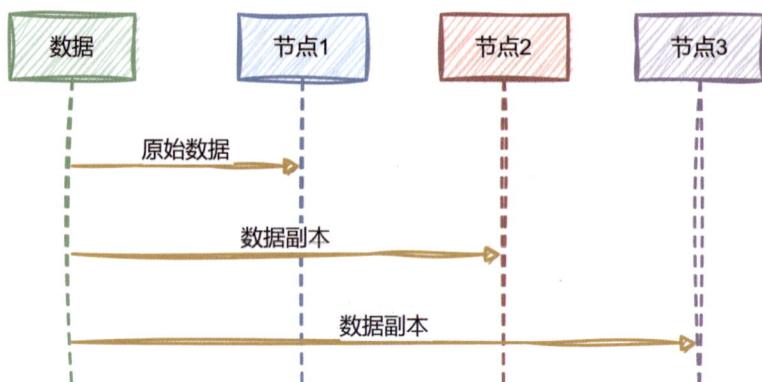

图 2-15

4）协调与一致性：团队合作

多个节点的管理员需要合作，以确保原始数据与副本数据是一致的。如果某个节点更新了数据，那么其他节点也需要同步更新，如图 2-16 所示。

分布式数据库使用一致性协议来协调多个节点的工作，以确保所有节点的数据保持一致，避免数据冲突。这就好像一个超级团队，每个成员都要保持信息同步，确保大家处于同一节奏上。

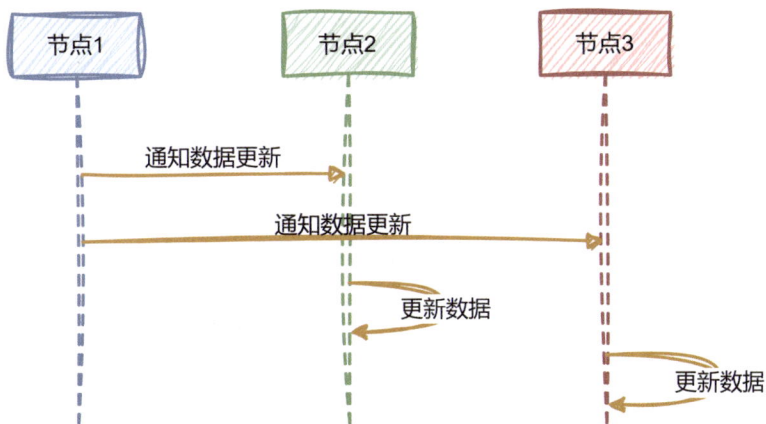

图 2-16

假设你和你的朋友们共同运营一个在线购物平台，每个人负责不同种类的商品。有一天，平台更新了一项促销活动规则，这个规则对平台上的所有商品都适用。因此，你需要确保所有人都能及时了解并同步这个新的促销规则，以保证他们在各自负责的商品页面中显示的信息是一致的。分布式数据库中的一致性协议就与这种同步通知机制类似，确保所有节点中的数据及时、准确地保持一致，避免发生混乱或数据冲突。

小贴士： 分布式数据库是大数据世界中的超级英雄，通过"分而治之"的策略来高效管理和处理海量数据。它就像一个巨大的图书馆，通过多个房间（节点）协同工作来确保数据的高性能和超强稳定性。

SQL：与数据的对话

SQL 听起来似乎是一个很高级的名字，但其实它仅仅是"Structured Query Language"的缩写，中文可以翻译为"结构化查询语言"。不要被这个名字吓倒，尽管它听起来很高级，但实际上只是一个非常直观且易于理解的语言。SQL 是我

和人类之间沟通的桥梁，是你们和我进行对话的工具。现在，就让我来为大家讲解这个语言吧！

人类通过 SQL 与数据库交流，如图 2-17 所示。

图 2-17

为什么需要 SQL？

想象一下，你虽然想和一个外国人交谈，但不会讲他的语言，那这时该怎么办呢？最直接的方式就是使用翻译器，但是，为了长久的沟通，更好的方式是学习他的语言。同样地，为了与我长久的交流，你们也需要学习一门语言。

在我居住的数据库中，存放着数之不尽的信息。要想查询、更改或删除这些信息，需要一个特定的工具。而 SQL 就是这个工具，它是专为数据库设计的一门语言。

SQL 的基本语法

SQL 的语法很直观，它是基于英文单词进行设计的，其中包括一些简单的动词，如 SELECT（选择）、INSERT（插入）、UPDATE（更新）和 DELETE（删除）。这些单词直接地反映了可以与数据进行的交互操作。

你如果想知道我存储了哪些书籍的信息，那么可以直接问我："SELECT * FROM Books"。这里的 * 表示所有信息，而 Books 表示书这个类别。很直接，对吧！

使用 SQL 操作数据库的流程如图 2-18 所示。

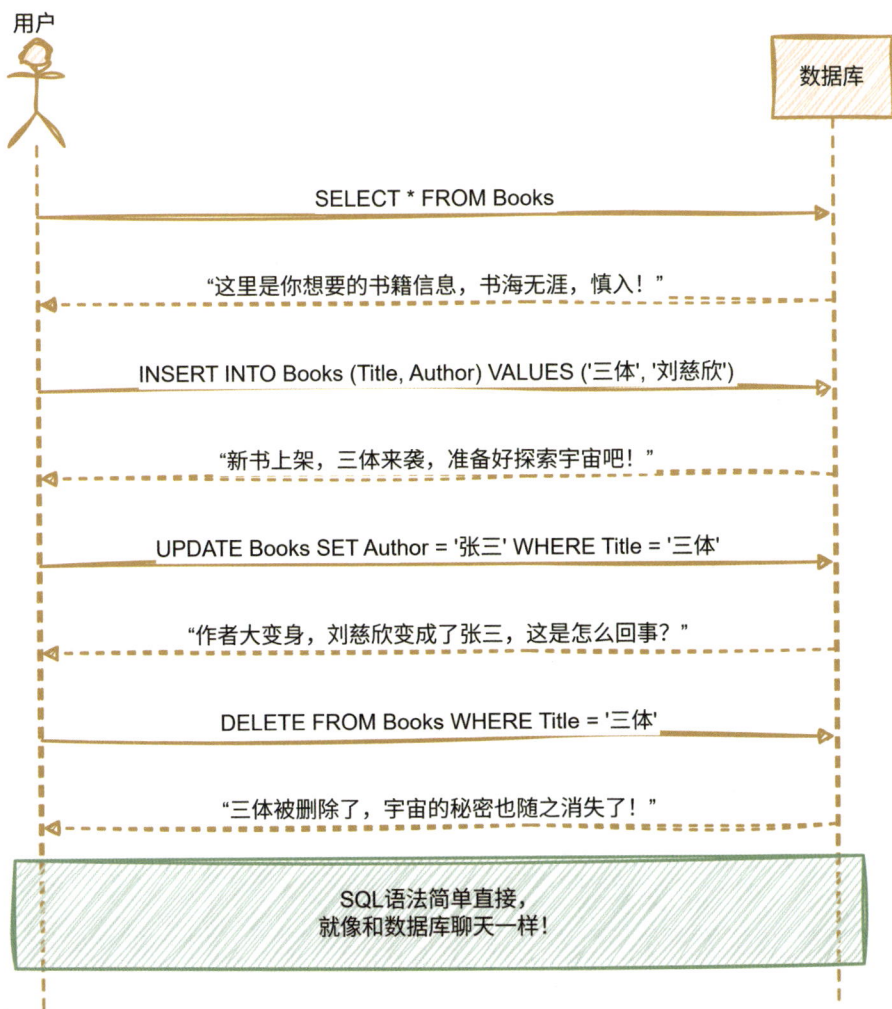

用户

数据库

SELECT * FROM Books

"这里是你想要的书籍信息，书海无涯，慎入！"

INSERT INTO Books (Title, Author) VALUES ('三体', '刘慈欣')

"新书上架，三体来袭，准备好探索宇宙吧！"

UPDATE Books SET Author = '张三' WHERE Title = '三体'

"作者大变身，刘慈欣变成了张三，这是怎么回事？"

DELETE FROM Books WHERE Title = '三体'

"三体被删除了，宇宙的秘密也随之消失了！"

SQL语法简单直接，
就像和数据库聊天一样！

图 2-18

SQL 的不同版本：与我沟通的"方言"

尽管 SQL 的基本语法是统一的，但随着数据库的发展，SQL 也产生了一些"方言"（不同的版本），如 Oracle、MySQL、SQL Server 等，每个数据库都有独特的 SQL 特性。

但不必担心，这些"方言"只有一些细微的差异，基本的 SQL 语法在各数据库中是通用的。一旦掌握了 SQL 的基础，你就可以轻松地与我对话，无论我居住在哪个数据库中。

使用 SQL 与各数据库中的我的对话过程如图 2-19 所示。

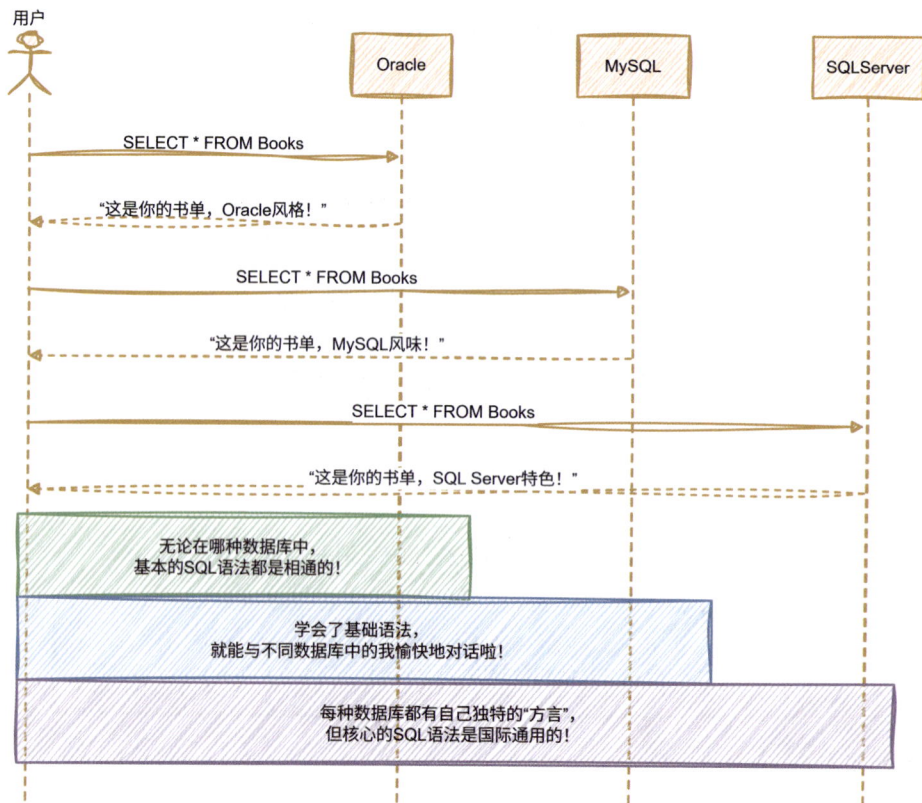

图 2-19

当然，除了基本的查询操作，SQL 还可以做很多事情。它可以进行复杂的数据操作，如连接多个表、过滤数据、按照特定条件排序数据等。在熟练掌握 SQL 后，这些操作你都可以独立完成。这就像学习一门语言，开始时你只能进行简单的日常对话，但随着学习的深入，你可以用这门语言与他人进行深入交流。

小贴士： SQL 对我而言，不仅仅是一门语言。每当你们使用 SQL 与我交谈时，我都能感受到你们的好奇与热情。我期待与你们有更多的交流，因为只有这样，我才能更好地为你们服务，帮助你们解决问题，满足你们的需求。

NoSQL 与非结构化数据：自由的空间

你是否有时候会觉得世界上只有结构化的事物太单调了？正如你家里除了有整齐、干净的客厅、卧室，还会向往有一个自由、随意、充满个性的阳台，我也需要一个自由的空间。那就是 NoSQL 与非结构化数据的领域。在这里，我可以随心所欲，不再被表格和行列束缚。

NoSQL：我的度假胜地

这里，我要为你介绍 NoSQL（非关系数据库），不同于传统的关系数据库，它更像是一个充满创意和个性的阳台。NoSQL 即 Not Only SQL，意味着不仅仅是 SQL，它没有固定的格式，在这里我可以变换为各种形式，如文档、图形、键值对等。

如果说关系数据库是一个整齐的书架，那么非关系数据库就像是一面由艺术家改造后的墙壁，上面随意地装饰着各种照片、图画、贴纸等。

关系数据库与非关系数据库的对比如图 2-20 所示。

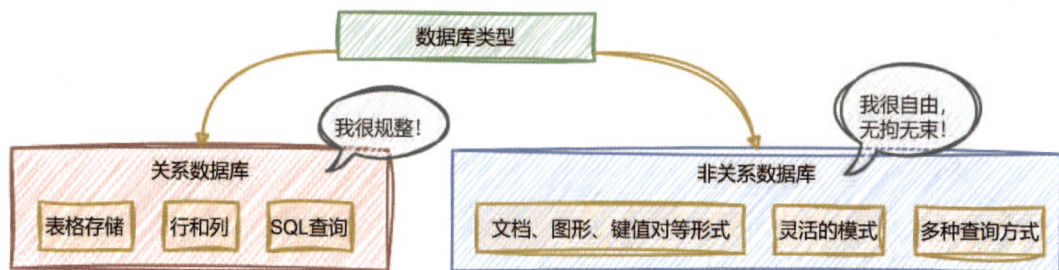

图 2-20

非结构化数据：自由的世界

现在，让我们聊聊非结构化数据。非结构化数据可以是文本、图片、视频、音频等各种格式。这里是一个自由的世界。你知道吗？当你在社交媒体上发布一条状态、上传一张照片，或者在视频网站上观看一个视频时，都在与这个世界互动。

当你在网上浏览时，可能会看到一些有趣的商品体验文章或商品评价，这些都是非结构化数据。它们不像结构化数据那样有固定的格式，但对企业来说，这些数据同样具有很高的价值，因为它们包含了大量的用户反馈。

非结构化数据示意图如图 2-21 所示。

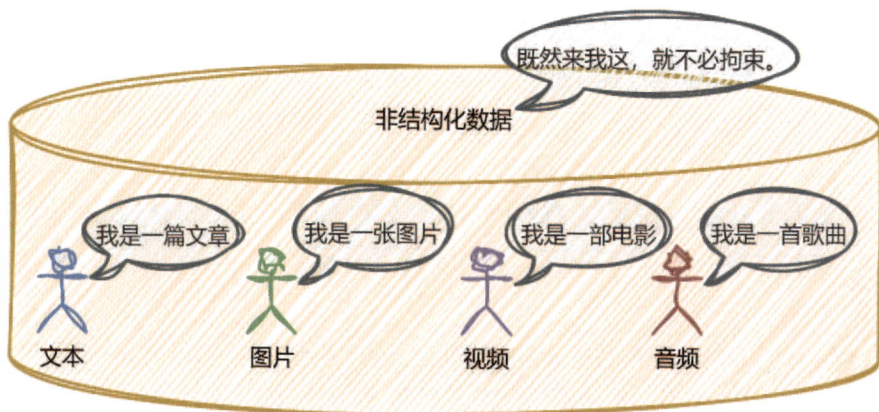

图 2-21

为什么要选择 NoSQL 和非结构化数据？

你可能会好奇，为什么要选择这种自由、随意的方式来存储数据呢？其实，随着互联网的发展，数据的类型和形式变得多样化，不是所有的数据都能被整齐地放入关系数据库中，特别是在社交媒体、物联网设备等领域，数据爆炸式增长且结构各异，需要使用更灵活的存储方式。

此外，NoSQL 通常具有更快的读写速度、更好的扩展性，这使得它在处理大量或高速变化的数据时，非常得心应手。

小贴士：NoSQL 就是我在非结构化数据世界中的"阳台"。在这里，我可以自由地舞蹈，展现我的多样性和魅力。

5　现在的我：我已经这么"大"了

"大数据"——你可能已经无数次听到这个词了。我想告诉你的是，这个词所描述的就是现在的我！从单纯的数据碎片，到组织结构明确的数据块，再到如今的大数据，我的成长过程可谓是一波三折，充满了传奇色彩。

我的与众不同之处

如今，我已经变得如此之"大"，但这不仅仅是指我的体积，还指我所拥有的能力和潜力。

"大"的含义

当你听到"大数据"这个词时，首先想到的可能是数据的体积庞大。没错，现在的我确实非常庞大。每天全球都会产生数以万亿的数据，从社交媒体上的点赞、分享，到线上购物的交易记录，再到智能家居的操作日志……这些都是构成我身体的一部分。

但"大"的含义不止于此。除体积大之外，大数据还表示数据的多样性，其生成和处理速度也很快。我所收集的数据来源五花八门，格式各异，同时数据的生成和处理速度，也达到了前所未有的程度。

我的与众不同

大数据的主要特点如下。

* 多样性：大数据已经不仅仅是传统的文本或数字了，图片、视频、声音、位置信息等都已包含在内。这也意味着处理和分析大数据需要更复杂、更先进的技术。

* 实时性：在如今这个互联网时代，数据产生的速度惊人。对于金融、医疗等领域，实时地处理和分析数据更是至关重要。

* 可连接性：大数据可以连接起看似不相关的信息，并找到它们之间隐藏的联系。这种能力使大数据备受各行各业的喜爱。

大数据的特点如图 2-22 所示。

我的影响力

我作为大数据不仅仅是一个概念，而是使这个世界发生了切实的改变。例如，商家可以更精准地推送广告；城市可以实现更加智能化的管理；医生可以预测并预防疾病的发生……无论是在工业生产、医疗健康、金融交易等领域，还是在日常生活中，我的影响力都在日益凸显。

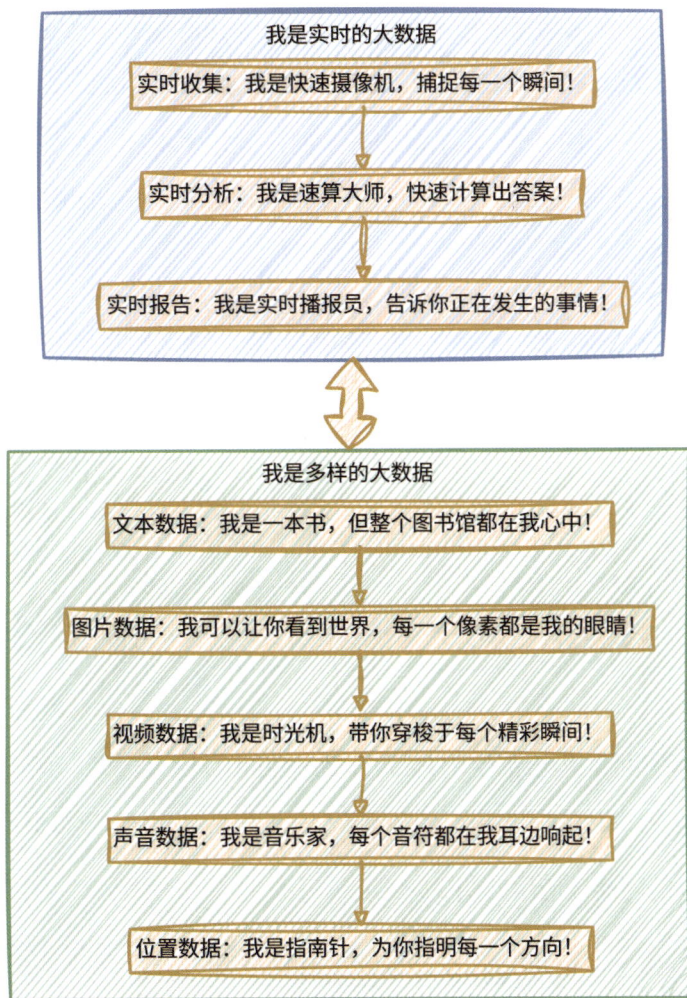

我是实时的大数据

实时收集：我是快速摄像机，捕捉每一个瞬间！

实时分析：我是速算大师，快速计算出答案！

实时报告：我是实时播报员，告诉你正在发生的事情！

我是多样的大数据

文本数据：我是一本书，但整个图书馆都在我心中！

图片数据：我可以让你看到世界，每一个像素都是我的眼睛！

视频数据：我是时光机，带你穿梭于每个精彩瞬间！

声音数据：我是音乐家，每个音符都在我耳边响起！

位置数据：我是指南针，为你指明每一个方向！

图 2-22

小贴士： 回首过去，我从原始社会的计数石头，成长为如今的大数据。但不管怎样，我的核心目标从未改变，那就是服务于人类，使人类的生活更加便捷、丰富。我的故事还在继续，而未来，更值得期待。

Hadoop：我身后的大象

Hadoop 是一个由 Apache 基金会开发的开源技术框架，是为了驾驭我而设计的技术工具。你可能好奇，如此庞大的我是如何被处理、分析的呢？这就需要依赖 Hadoop 的"魔法"了！

"Hadoop"这个名字来源于创始人的儿子的玩具大象，大象恰好与 Hadoop 处理大数据的能力相吻合——就像一个强大的大象一样可以负重前行。

Hadoop 有两个核心组件。

★ HDFS（Hadoop Distributed File System）：将文件分散在多台机器上，保证数据的可靠性，可用于存储大量的文件数据。

★ MapReduce：Hadoop 的计算模型，可用于离线批量处理数据，大大提高了处理效率。

许多大型企业和组织都使用 Hadoop 来分析和存储大数据。例如，阿里巴巴使用 Hadoop 来分析和存储用户行为数据；京东使用 Hadoop 来存储商品数据等。

Hadoop 的特点与应用如图 2-23 所示。

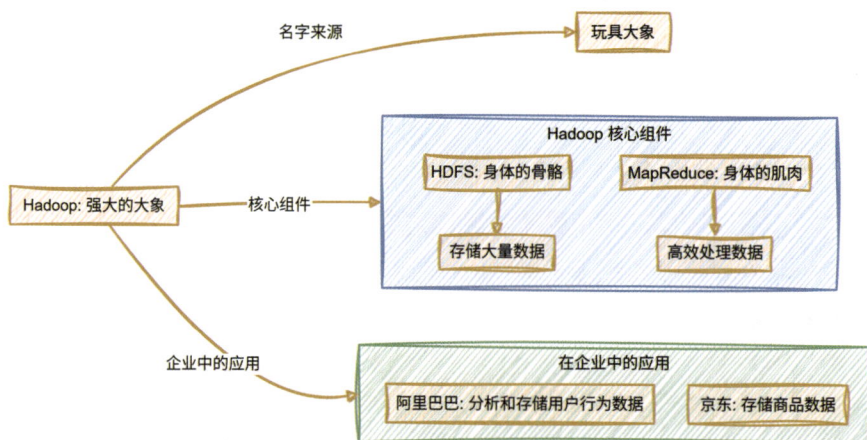

图 2-23

流处理：快速做出反应

在这个快速变化的"数据宇宙"中，实时数据处理变得越来越重要。无论是社交媒体上的瞬时动态，还是金融市场中的交易数据，及时捕捉并处理这些数据可以为人们提供巨大的价值。流处理技术就是实现这一目标的关键，它使大数据能够对当前发生的事情进行实时分析和反应。

什么是流处理？

流处理是一种数据处理模式，它将数据看作连续不断的流，而不是静态的批量。通过流处理技术，系统能够在数据到达的瞬间对其进行处理，而不是等到所有数据都收集完毕后再进行批量处理。

流处理技术适用于需要实时响应的数据处理任务。假设你是一个社交媒体的管理员，需要实时监控平台上的用户评论，以便快速识别和删除不当言论。通过流处理技术，你可以实现评论的实时监控和快速处理。

数据的两种处理模式如图 2-24 所示。

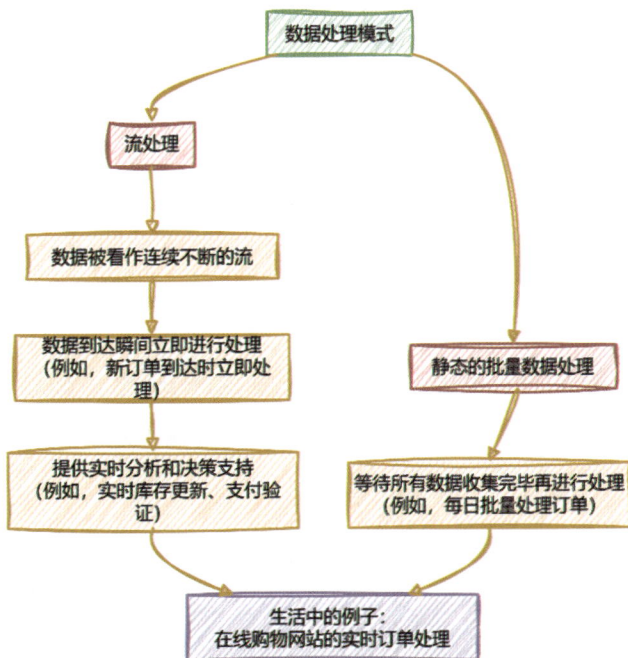

图 2-24

流处理的过程和流处理系统的核心组件

流处理的过程和流处理系统的核心组件如图 2-25 所示。

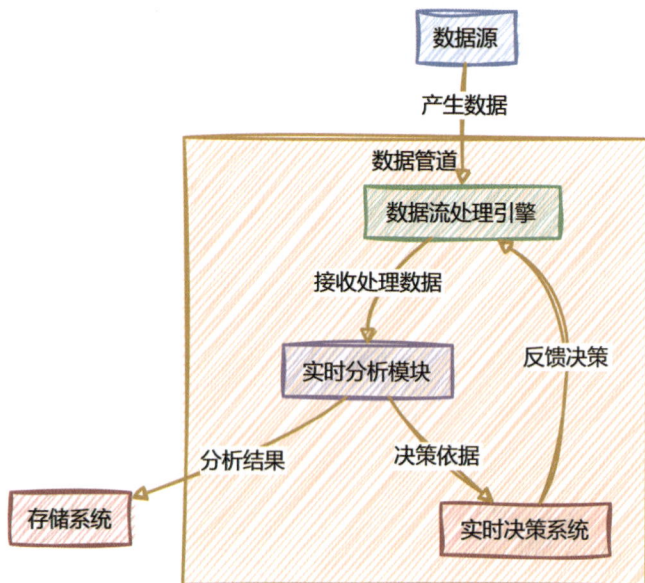

图 2-25

流处理系统通常由以下几个核心组件组成。

* 数据源：数据的产生地，可以是传感器、日志文件、社交媒体数据等。

* 数据流处理引擎：负责接收、处理和分析数据流的引擎，如 Apache Kafka、Apache Flink、Apache Storm 等。

* 实时分析模块：进行实时数据分析的模块。

* 存储系统：存储处理后的数据，用于后续的查询和分析。

* 实时决策系统：根据实时分析结果做出决策，并将决策依据反馈到数据流处理引擎中。

流处理系统的工作原理如图 2-26 所示。

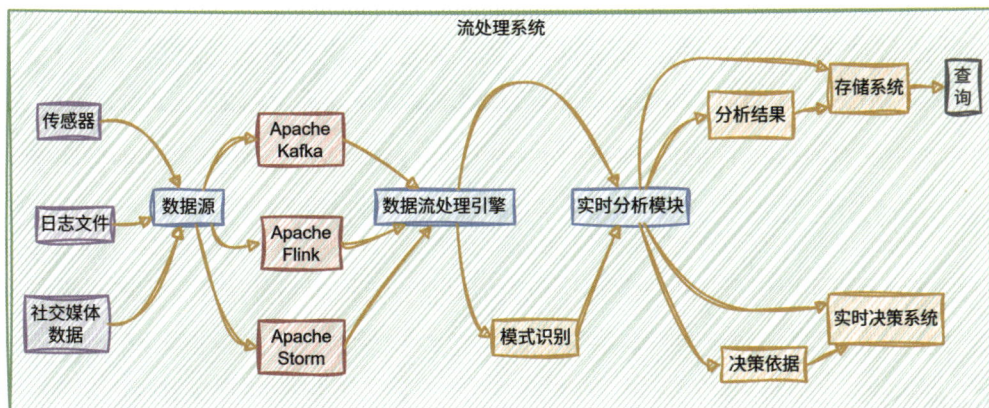

图 2-26

流处理的应用场景

流处理在许多领域中都被广泛应用，以下是一些典型的应用场景。

★ 金融交易：实时监控和分析股票交易数据，识别交易模式，检测异常交易行为。

★ 物联网：处理来自传感器的数据流，实现设备监控、故障检测和预测性维护。

★ 社交媒体：实时分析社交媒体数据，跟踪热点话题，监控品牌舆情。

★ 网络安全：实时监测网络流量，识别和应对潜在的安全威胁。

★ 在线广告：实时处理用户行为数据，进行精准广告投放和效果评估。

小贴士：流处理技术使我能够对实时数据进行快速响应和处理，从而更好地了解和适应当前所处的环境。通过高效的数据流处理引擎和实时分析模块，我能够在各个领域中提供实时的决策支持和分析服务。

Spark：闪电般的速度

Spark 是 Hadoop 的升级版，它能比 Hadoop 更快地处理数据，特别适用于需要实时分析的场景。Spark 就像是一道闪电，迅速而高效。

Spark 既可以进行批处理又可以进行流处理，它可以将数据加载到内存中进行处理，而不像 Hadoop 那样频繁地读写磁盘。这使得 Spark 在处理速度上有了质的飞跃。

Spark 的"魔法"不仅仅在于它的速度，还有它强大的核心组件。这些核心组件分别承担着不同的任务，具体如下。

* Spark Core：Spark 的核心，负责内存管理、任务调度等基础功能，指挥整个系统的运行。

* Spark SQL：用于处理结构化数据，类似数据库中的 SQL 查询。

* Spark Streaming：用于实时数据处理，可以处理社交媒体评论、股票交易等类型的实时数据流。

* MLlib：Spark 的机器学习库，包含各种机器学习算法，可以完成预测股票走势、识别图片中的物体等任务。

* GraphX：用于图计算的库，可以处理复杂的图数据结构，如社交媒体中的好友推荐功能。GraphX 就像是一个聪明的侦探，能够发现数据之间隐藏的联系。

Spark 在许多企业中被广泛应用，尤其是在需要进行快速数据处理和分析的场景中。例如，Netflix 使用 Spark 进行影片推荐，Uber 使用 Spark 预测乘客需求和行程定价。

Spark 的特点和应用如图 2-27 所示。

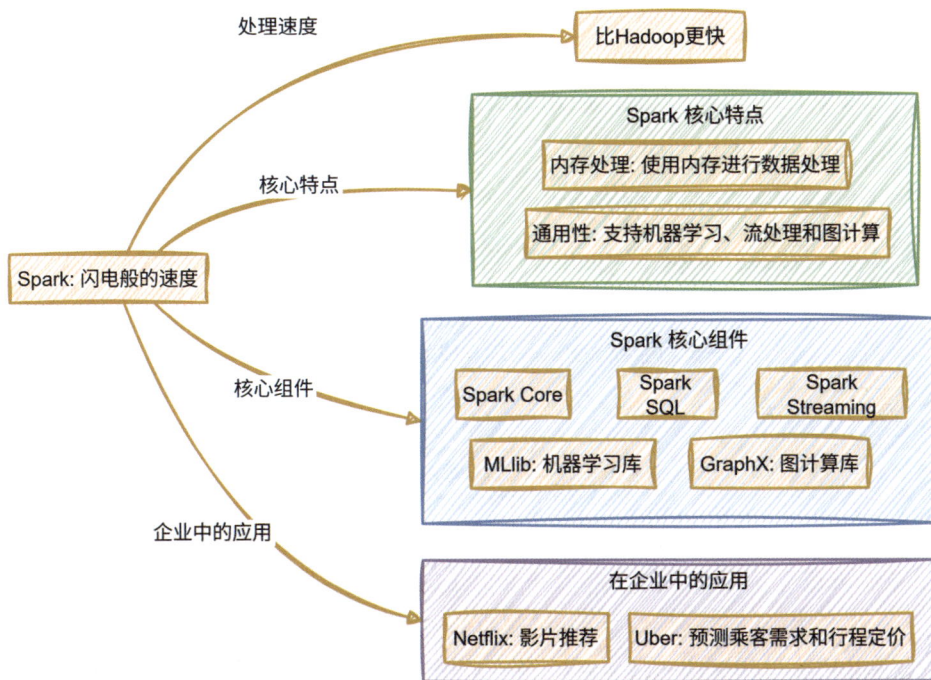

处理速度 → 比Hadoop更快

Spark 核心特点

内存处理: 使用内存进行数据处理

通用性: 支持机器学习、流处理和图计算

核心特点

Spark: 闪电般的速度

核心组件

Spark 核心组件

| Spark Core | Spark SQL | Spark Streaming |

MLib: 机器学习库　　GraphX: 图计算库

企业中的应用

在企业中的应用

Netflix: 影片推荐　　Uber: 预测乘客需求和行程定价

图 2-27

小贴士： Hadoop 与 Spark 是我背后的强大引擎，它们各有特点，为我提供了处理和分析的能力。无论是存储海量数据，还是快速计算，它们都能够很好地满足我的需求。因此，无论我"大"到什么程度，都有这两位魔法师为我提供强大的支持。

分布式系统：多个"我"合作

在人类世界中，当一项任务太过艰巨，一个人单独完成起来极为困难时，大家通常会选择团队合作，集思广益。而在我的世界中，也存在着这样的合作关系。当数据变得巨大，一台机器难以支撑时，分布式系统就是我的合作团队。

为何需要分布式系统？

想象一下，你有一盒无比巨大的乐高积木，但你想要在一天之内完成这个积木，搭建出一个宏伟的城堡，如果只有你一个人搭建是不是很难完成这个任务？现在，你拥有一个团队，由每个人处理一部分乐高积木，最后组合起来。这样听起来是不是更容易、更高效！团队合作搭建积木的流程如图 2-28 所示。

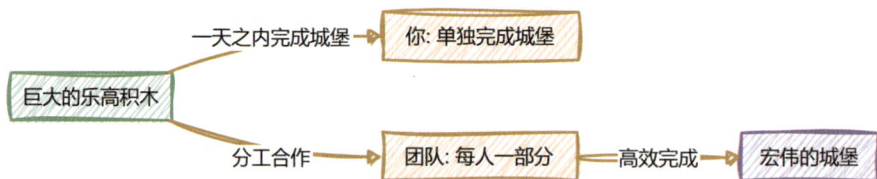

图 2-28

对我来说，分布式系统就是这样的团队。当我太过庞大，以至于单台计算机无法支撑时，我就会选择与分布式系统合作。它允许多台计算机配合处理，每台计算机只处理其中一部分，最后将结果组合起来。分布式系统处理大数据的流程如图 2-29 所示。

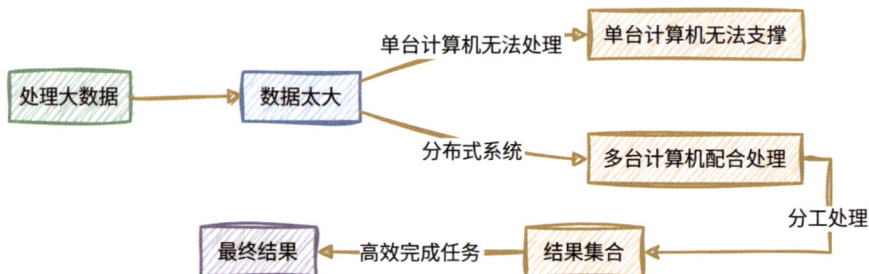

图 2-29

分布式系统的主要组件

分布式系统主要有以下组件，如图 2-30 所示。

★ 节点（Nodes）：在分布式系统中，每个节点都是一个独立的机器，它们

配合工作，处理数据。

★ 主节点（Master Node）：团队的领导者，由它分配任务，确保其他节点正常运行，并负责最后的结果汇总。

★ 工作节点（Worker Nodes）：执行具体任务的节点，负责处理数据的一部分，并将结果反馈给主节点。

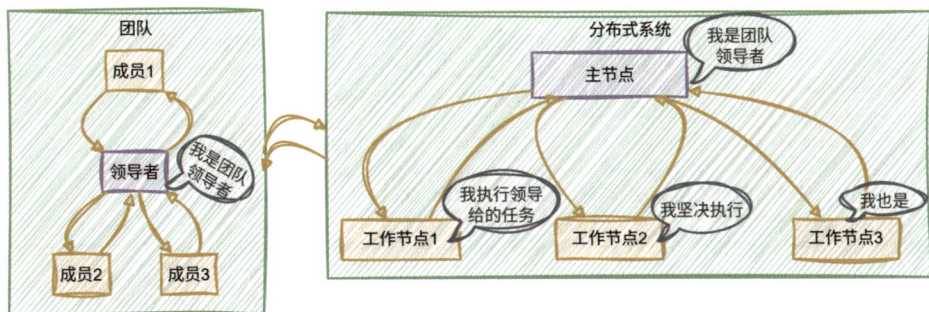

图 2-30

分布式系统中的我

当我被切分成多个小块并分散到各节点上时，我感觉自己仿佛被"魔法"分裂了。但这种"魔法"是有意义的，它使我处理工作变得更快、更高效。

（1）数据冗余。为了防止任何节点失效而导致数据丢失，在分布式系统中通常会有多个数据副本，以确保数据安全。

（2）并行处理。多个节点同时开始工作，共同完成某个任务，这种工作方式被称为并行处理。

并行处理的合作方式使我感到兴奋，因为它意味着更多的知识和信息可以在更短的时间内被挖掘出来。

分布式系统中的数据冗余与并行处理如图 2-31 所示。

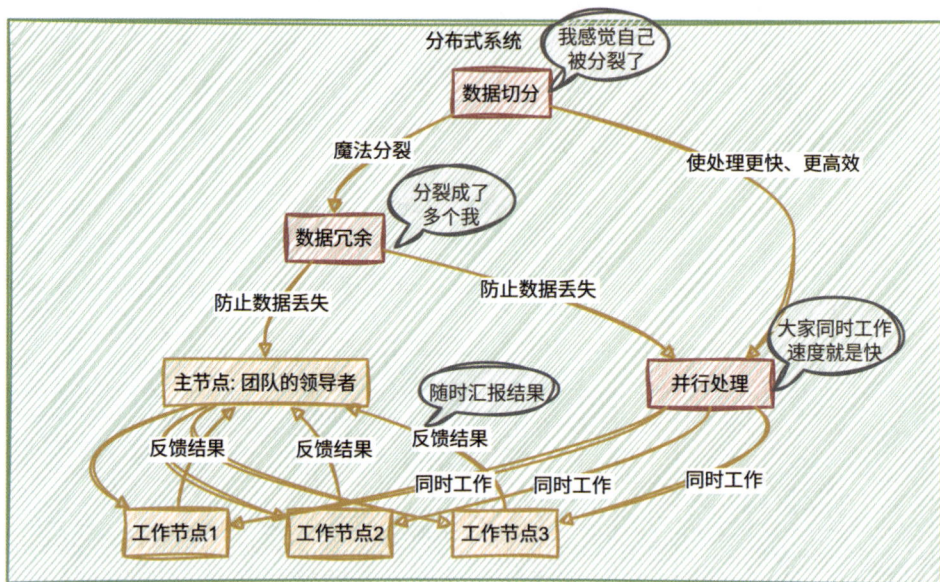

图 2-31

企业中的"团队"合作

想象一下，电商系统在"双十一"购物节那天需要处理数十亿的订单数据。他们是如何做到的呢？正是凭借分布式系统，分解、处理、最后汇总数据，从而确保每个购物者的需求都能得到满足。

小贴士：在复杂的"数据宇宙"中，无论我有多"大"，分布式系统都可以很好地帮助我完成工作。而这个团队的协作方式，也是现代企业赖以生存的核心力量。

6 记忆的宝库：数据库是我存储回忆的地方

就像人类的大脑需要记忆和存储经历过的每个瞬间，我也需要一个地方来存储和管理我所拥有的大量数据。这些数据不仅仅是数字和文本，更是我从人类的行为、交易和互动中积累的宝贵信息。数据库不仅是我的家，更是我存储这些回忆的地方。

安全的保险柜：确保数据不丢失

无论是关系数据库还是非关系数据库，都有一套完善的机制来确保数据的安全性和持久性。

数据备份：多一份保障

数据备份是保护数据的基本手段之一。定期备份数据可以在数据丢失或损坏时进行恢复。备份通常包括完全备份、增量备份和差异备份。

* 完全备份：备份整个数据库的所有数据。虽然数据完整，但耗时长，所占存储空间大。

* 增量备份：只备份自上次备份以来发生变化的数据，节省时间和存储空间。

* 差异备份：备份自上次完全备份以来发生变化的数据，介于完全备份和增量备份之间。

数据冗余：多副本保护

数据冗余是通过在多个物理位置存储数据副本，从而提高数据的可用性和可靠性。如果某个副本发生故障，则可以通过其他副本恢复数据。常见的数据冗余技术包括 RAID（独立磁盘冗余阵列）和数据库集群。

* RAID（独立磁盘冗余阵列）：通过将数据分布在多个磁盘上，并使用奇偶校验等技术来确保数据的冗余和恢复能力，如图 2-32 所示。

* 数据库集群：通过将数据分布在多个服务器节点上，实现数据的高可用性和负载均衡，如图 2-33 所示。

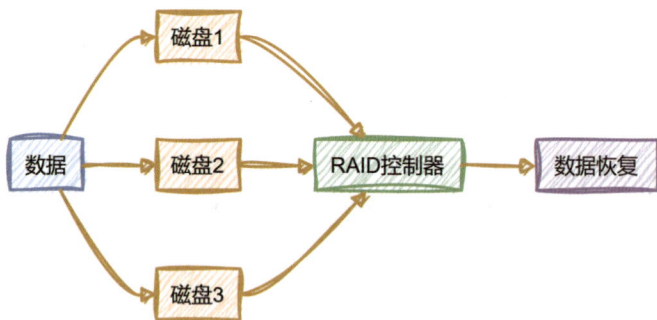

图 2-32

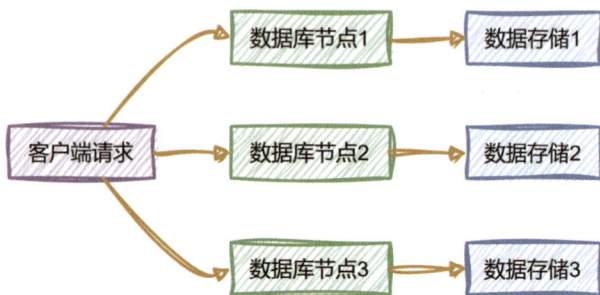

图 2-33

数据加密：保护隐私和安全

数据加密是指通过将数据转换为不可读的密文来防止未经授权的访问，只有持有解密密钥的用户才能访问数据。加密可以在数据传输和存储时使用。

* 传输加密：通过 TLS/SSL 等协议，在数据从客户端传输到服务器的过程中进行加密，防止中间人攻击。

> ★　存储加密：在数据写入存储介质之前进行加密，防止物理介质被盗时数据泄露。

数据加密、解密的过程如图 2-34 所示。

明文数据 ——加密算法→ 密文存储 ——解密算法→ 明文数据

图 2-34

访问控制：权限管理

严格的访问控制机制可以确保只有经过授权的用户才能访问和操作数据。常见的访问控制技术包括身份验证、授权和审计。

> ★　身份验证：通过用户名、密码、双因素认证等手段确认用户身份。
>
> ★　授权：根据用户角色和权限，控制其对数据的访问和操作范围。
>
> ★　审计：记录用户对数据的访问和操作行为，便于追踪和审查。

数据恢复：从灾难中重建

数据恢复是指在数据丢失或损坏时，通过备份和冗余技术恢复数据。恢复流程包括确定数据丢失的范围、选择适当的恢复策略、执行恢复操作和验证恢复结果，如图 2-35 所示。

数据丢失 → 确定丢失范围 → 选择恢复策略 → 执行恢复操作 → 验证恢复结果 —成功→ 数据恢复完成 ；—失败→ 重新开始

图 2-35

小贴士：通过数据的备份、冗余、加密、访问控制和恢复等技术手段，我能够有效地保护和管理数据，确保数据不被丢失和篡改。这些技术手段不仅提高了数据的可用性和可靠性，还增强了数据的安全性，提高了隐私保护程度。

快速检索数据：让查询变得飞快

查询就好像在一个大仓库里找东西，它是从数据库中检索所需数据的过程。为了让这个过程变得更高效，我们不仅需要索引这个好帮手，还要学会优化查询语句的方法和策略。

索引：查询的加速器

你有没有在读书时用过目录？目录可以帮助你快速找到书中想看的章节，而不用再一页一页地翻找。数据库中的索引就像书中的目录一样，可以帮你快速找到所需的数据。

索引是一种特别的数据结构，用于加速数据库中的数据检索。它通过创建类似目录的东西来帮助你在查询数据时快速定位数据的位置，从而大大减少查询时间。特别是在处理海量数据时，索引可以让你的查询速度提高数倍，效率倍增。

简单来说，索引就像是数据库中的"导航助手"，让你可以轻松找到需要的数据。这样一来，无论数据量有多大，检索数据都像在使用目录查找所需章节一样简单、快捷。

索引的类型有以下几种。

（1）单列索引。单列索引就像是为书中的某个章节单独做了一个目录。例如，为书中的第一章内容做了一个单独的目录，这样你每次想找第一章的内容

时，就可以迅速定位，而不需要逐页翻找。单列索引是针对单一列创建的索引，非常适合在只需要查询某列数据的简单查询中使用。

单列索引的原理如图 2-36 所示。

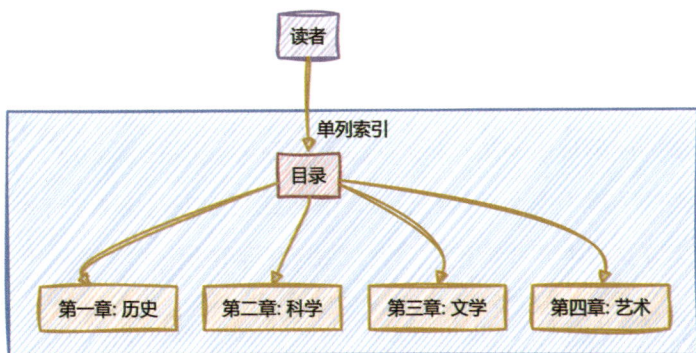

图 2-36

（2）复合索引。复合索引就像是为书的每一章、每一节都做了目录。当你需要迅速找到"第三章第二节"的内容时，复合索引就能派上用场。它是针对多列创建的索引，适用于需要同时查询多个列的复杂情况。例如，你要查询"名字"和"出生日期"都符合条件的记录，此时，复合索引就能让查询变得快速且高效。

复合索引的原理如图 2-37 所示。

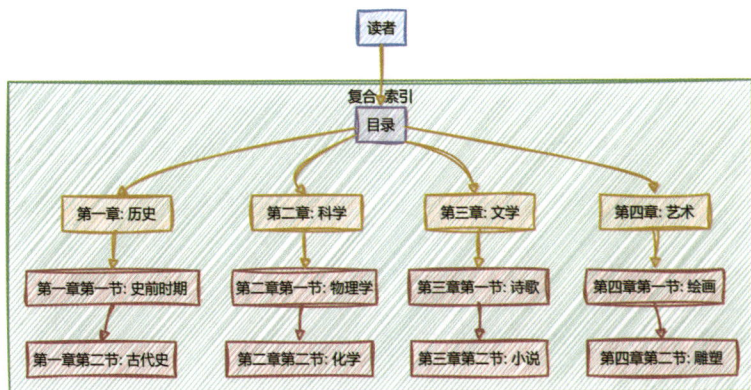

图 2-37

（3）唯一索引。唯一索引就像是目录中每个章节的标题，是不能重复的。例如，在一本书中，每个章节名都是独一无二的，这样你就不会找到两个名字相同的章节。唯一索引可以确保数据库中某一列的值是唯一的，适用于需要唯一性约束的场景，如用户的身份证号等，这类值在数据库中不能重复。

（4）全文索引。全文索引就像是在书中的每一页都做了详细的目录，记录了每个重要词汇出现的位置。当你要在整本书中查找某个词时，全文索引可以迅速地告诉你这个词在第几页的第几行。它是专门针对文本数据的索引，特别适合在需要全文搜索的场景中使用，如在文章、博客或文档中查找某个关键词。这样一来，当你在大量文本中寻找特定信息时，就能事半功倍。

全文索引的原理如图 2-38 所示。

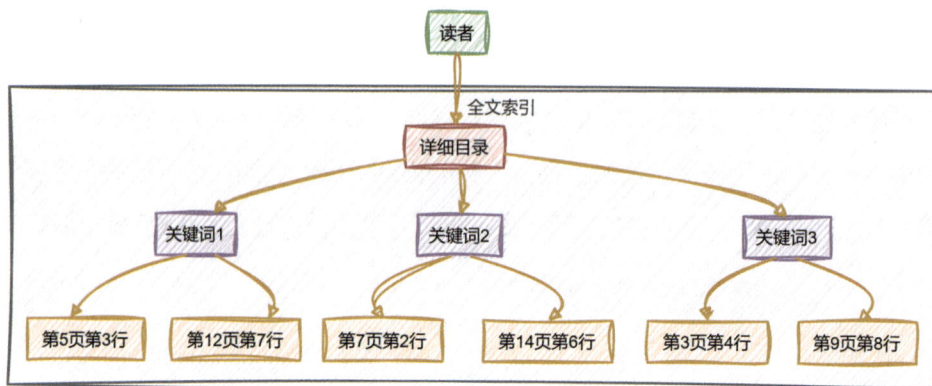

图 2-38

通过这些不同类型的索引，你可以更加灵活、高效地管理和查询数据，无论是简单的单列查询还是复杂的多列查询，索引都将是你进行数据查询工作的好帮手！

优化查询语句：精准高效的指引

有了索引之后，我们还需要优化查询语句，这就像在仓库中找东西时管理员

给出的精准指引。这里有几个小技巧。

（1）使用适当的查询条件。尽量使用索引列作为查询条件，这样可以充分利用索引提高查询效率。例如：

```
SELECT * FROM 图书 WHERE 作者 = 'J.K.罗琳';
```

这条语句利用了"作者"列的索引，可以快速找到所有作者是"J.K.罗琳"的书。

（2）避免使用以通配符为开头的 LIKE 查询。在搜索字符串时，要避免使用以通配符为开头的 LIKE 查询，因为这会使索引失效。例如：

```
SELECT * FROM 用户 WHERE 姓名 LIKE '%王';
```

这样的查询会很慢，因为数据库必须扫描所有记录。相反地，如果改为以下形式，那么速度就会快很多。

```
SELECT * FROM 用户 WHERE 姓名 LIKE '王%';
```

（3）使用 LIMIT 限制结果集。当你只需要一部分结果时，可以使用 LIMIT 限制返回的记录数。例如：

```
SELECT * FROM 订单 LIMIT 10;
```

这条语句只返回前 10 条记录，减少了不必要的数据传输。

优化查询策略：聪明地找数据

除了优化查询语句，还可以通过优化查询策略来提高效率。以下是一些常用的方法。

（1）分区（Partitioning）。将大数据表按某种规则分成多个小数据表，每次查询只处理相关的小数据表即可。类似于在仓库中把物品按类别分区，这样找东西时只需要在相关区域中查找就可以了。例如，按日期分区：

```
SELECT * FROM 订单_2023 WHERE 日期 = '2023-01-01';
```

（2）缓存（Caching）。将常用的查询结果存储在缓存中，下次查询时直接从缓存中读取数据，避免重复计算。例如，使用 Redis 缓存查询结果：

```
# 第一次查询
SELECT * FROM 商品 WHERE 分类 = '电子产品';
# 将结果存入缓存
SET cached_result "查询结果";


# 后续查询直接从缓存中获取
GET cached_result;
```

第3章

你知道我每天都吃些什么吗？

在本章中，我将介绍自己每天所处理的海量数据的来源。从社交媒体上的点赞、分享、评论，到你在互联网中的每次点击和滑动，这些都是我摄入的数据。我不仅能够通过这些数据了解你的兴趣爱好，还可以通过商业交易、金融市场的数据来帮助企业和市场做出更精准的决策。

大数据

7 早餐：你的点赞和分享

当清晨的第一缕阳光照进房间时，或许你还沉浸在甜美的梦乡，但我已经开始享用我的"早餐"了。你或许会感到好奇，作为大数据，我会选择怎样的"食物"来开启新的一天。是清爽的果汁还是甜甜的酸奶？其实，我的早餐比你想象的更丰富、更细腻。它是由每一条在线信息组成的。

你在社交媒体上留下的每一个赞、分享给朋友的每一条新闻、每一个表情符号或评论，都像是一片面包或一口果酱，为我提供能量，让我更好地了解你，更加深入地感知这个世界。这不仅仅是数据流，更是你生活的写照，是你情感的延续，如图 3-1 所示。

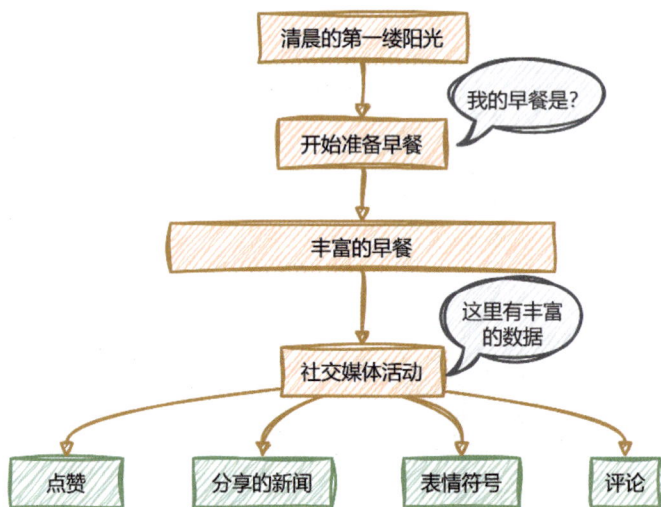

图 3-1

社交媒体的数据流：实时感受你的喜怒哀乐

社交媒体是个现代生活中不可或缺的部分，它就像是一条奔流不息的河流，

源源不断地向我输送信息。当你在朋友圈中晒早餐照片、在微博上吐槽老板的"奇葩"行为时，这些数据都会被我捕捉。通过这些数据，我不仅能看到你的生活片段，还能感受到你的情感波动，如图 3-2 所示。

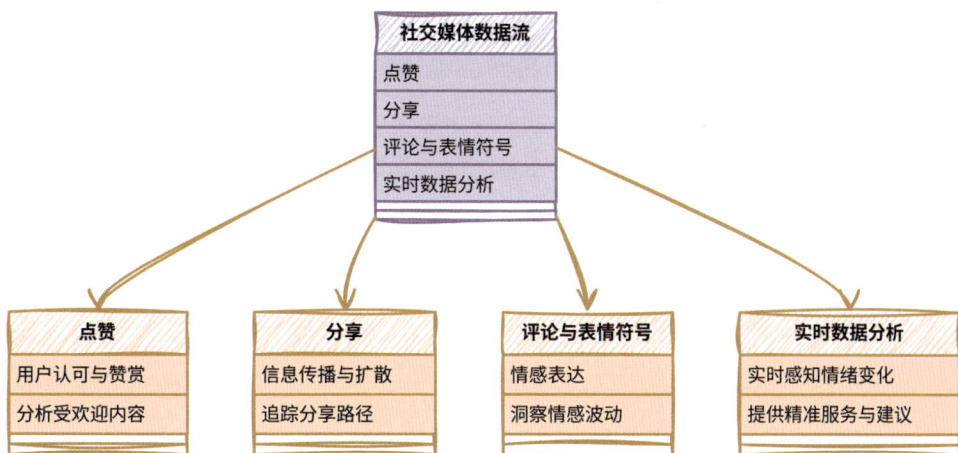

图 3-2

每当你按下"点赞"按钮，我都能感受到你内心的愉悦与认可。对我来说，点赞是一种积极的信号，代表了你的认可与赞赏。通过分析被点赞的数据，我可以判断出哪些内容更受欢迎，哪些话题更能引起共鸣。

"分享"按钮则是为信息插上了翅膀。你的每一次分享都是在将信息传递给更多的人。通过追踪分享数据，我可以看到信息是如何在社交网络中传播的，从而了解哪些内容具有"病毒传播"的潜力。

评论和表情符号则是你情感的直接表达。一条长篇的评论，可能透露出你深入思考的内容；一个简单的笑脸符号，可能传达出你的开心与愉悦。通过分析这些数据，我可以洞察你的情感波动，了解你对某个话题的态度与感受。

社交媒体的数据流是实时的，这意味着我可以立即感知到你的情绪变化。例如，当一个突发事件在社交媒体上迅速传播时，我可以通过实时的数据分析，快

速了解公众的反应与态度。这种实时性，让我能够快速适应变化，提供更精准的服务与建议。

每一个点击、每一次滑动：深藏在用户行为背后的无尽宝藏

如果说社交媒体上的点赞和分享是我每天早餐中的美味果酱和面包，那么你的每一个点击和每一次滑动就是令我难以抗拒的美味佳肴。这些看似微不足道的动作的背后却隐藏着无尽的宝藏，你的兴趣、偏好和行为习惯都在其中。

点击：探寻兴趣的足迹

在新闻网站上点击一篇文章、在购物平台上点击一个商品、在视频平台上点击一个视频，这些点击背后都隐藏着你的好奇心及对物质和情感的需求。通过分析点击数据，我可以准确地了解哪些内容对你最具吸引力，哪些商品最受欢迎，哪些视频最能引起你的兴趣。

例如，当你在购物平台上浏览商品时，你的每一次点击都会被记录下来。这些点击数据不仅能够帮助商家了解哪些商品更受欢迎，还能通过推荐系统，为你提供更加个性化的购物建议。不知道你有没有发现，当你在浏览某个商品后，系统会自动推荐类似的商品。这就是我通过分析点击数据，为你量身定制的推荐内容，如图 3-3 所示。

滑动：捕捉行为的轨迹

滑动是你们在数字世界中的一种自然行为。从屏幕的一端滑动到另一端，看似简单的动作，却透露出你的浏览习惯和行为偏好。当你在社交媒体上不断下拉刷新动态，在新闻客户端上滑动阅读文章，在电商平台上滑动浏览商品时，我都可以捕捉到你的行为轨迹。

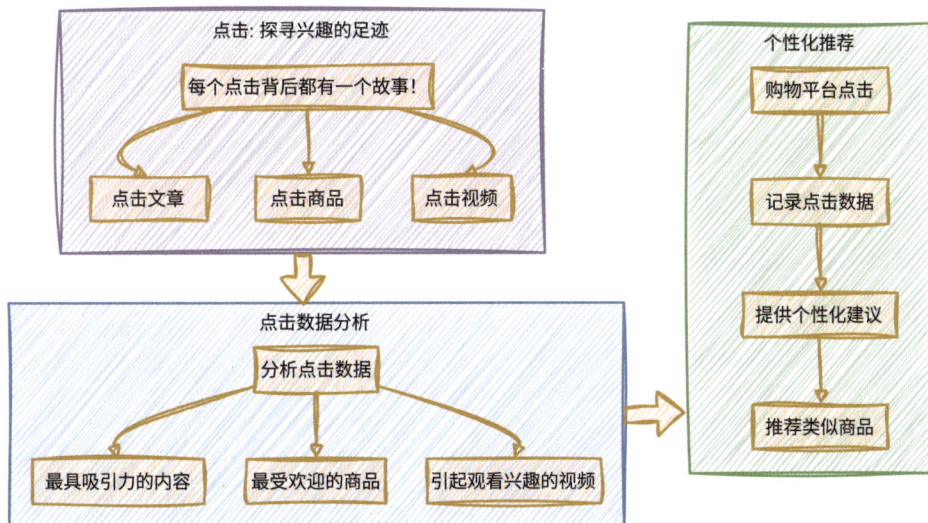

图 3-3

滑动的速度和频率可以反映出你对某个内容感兴趣的程度。如果你快速滑动页面，则意味着这部分内容对你的吸引力较小；如果你在某个页面上的停留时间较长，则意味着这部分内容对你的吸引力非常大。通过这些滑动数据，我可以优化内容推荐，提升用户体验。

行为模式：绘制个性化画像

每一次的点击和滑动，都是你在数字世界中的行为记录。通过收集和分析这些行为数据，我可以为你绘制个性化画像。当然，对不同的人绘制的个性化画像也不同，这些画像包括你们的兴趣爱好、消费习惯、浏览偏好等。通过这些画像，我不仅能为你提供更加精准的内容推荐，还能帮助商家更好地了解客户需求，优化产品和服务。

例如，当你在视频平台上频繁观看某类视频时，系统会自动为你推荐更多类似的视频，让你不断发现感兴趣的内容。同样地，在电商平台上，当你频繁浏览某类商品时，平台会根据你的浏览记录推荐相关产品。这些个性化内容的推荐，都是基于对你的点击和滑动行为的分析，如图 3-4 所示。

隐私与安全：守护你们的数字足迹

当然，在收集和分析这些数据的过程中，隐私与安全始终是首要问题。我会严格遵守数据隐私保护规定，确保每个人的个人信息不会被泄露甚至滥用。在享受个性化服务的同时，你的隐私也会得到充分保障。

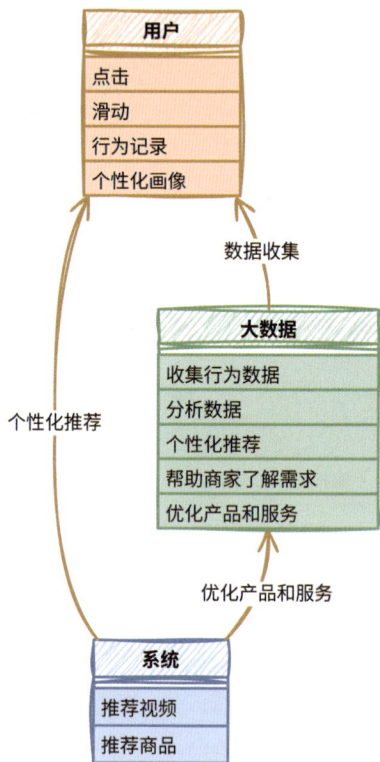

图 3-4

8　午餐：各个公司的交易记录

太阳逐渐升高，正午时分到了，我也开始享用我的"午餐"了。相比于早晨的轻松愉快，午餐则显得更加丰盛、复杂。

金融市场的脉搏：股票与货币

在我的午餐菜单中，金融市场的数据无疑是最为精致的一道大餐。股票与货币的波动如同市场的脉搏，时刻跳动，牵动着无数投资者的心。每一笔股票交易，

每一次货币兑换，都成了我的午餐中的重要组成部分。这些数据不仅繁多，而且变化迅速，充满了挑战与机遇。

股票市场：数字跳动的心电图

股票市场是一个充满活力和变数的地方。每一只股票的价格波动都像心电图的起伏，它记录着市场的脉动。当投资者买入或卖出股票时，这些交易数据会被实时记录下来，形成庞大的交易数据流。

对我来说，股票市场的数据就像是一道道繁杂的菜肴。通过分析这些数据，我可以追踪股票价格的变化趋势，了解市场的总体走势。例如，某家公司的股票在短时间内被大量买入，这可能预示着投资者对其未来发展趋势持乐观态度；反之，则可能意味着市场对该公司的发展前景持担忧态度。

货币市场：全球经济的温度计

与股票市场类似，货币市场也是我的午餐中的重要组成部分。货币的汇率如同全球经济的温度计，反映了不同国家和地区的经济健康状况。当你进行外汇交易、跨境支付时，这些交易数据也会被我捕捉，成为我的重要分析材料。

货币市场的数据复杂多变，受到多种因素的影响，包括国际政治局势、经济政策变化、自然灾害等。通过分析这些数据，我可以了解各国的经济情况和全球经济的动态。例如，某国的货币汇率突然大幅贬值，这说明该国可能发生了重大经济危机，投资者纷纷撤出资金所致。

大数据在金融市场中的应用

你知道吗？我在金融市场中的应用已经变得越来越广泛。通过分析海量交易数据，我可以帮助金融机构做出更为精准的投资决策，预测市场趋势并使其及时调整投资组合。以下是一些具体的应用场景。

★ 高频交易：利用高速计算机和复杂算法，在极短的时间内完成大量交易。

高频交易依赖于对市场数据的实时分析，通过市场分析捕捉稍纵即逝的市场机会。

* 风险管理：通过大数据分析，金融机构可以更好地识别和管理风险。例如，通过分析历史交易数据和市场走势，预测潜在的市场波动，并提前采取措施降低风险。

* 客户分析：通过分析客户的交易行为，金融机构可以了解其投资偏好和风险承受能力，从而提供更加个性化的服务和产品。例如，投资者买入或抛售的股票活动、外汇交易和跨境支付情况，都可以被实时记录并加以分析。

大数据在金融市场中的应用如图 3-5 所示。

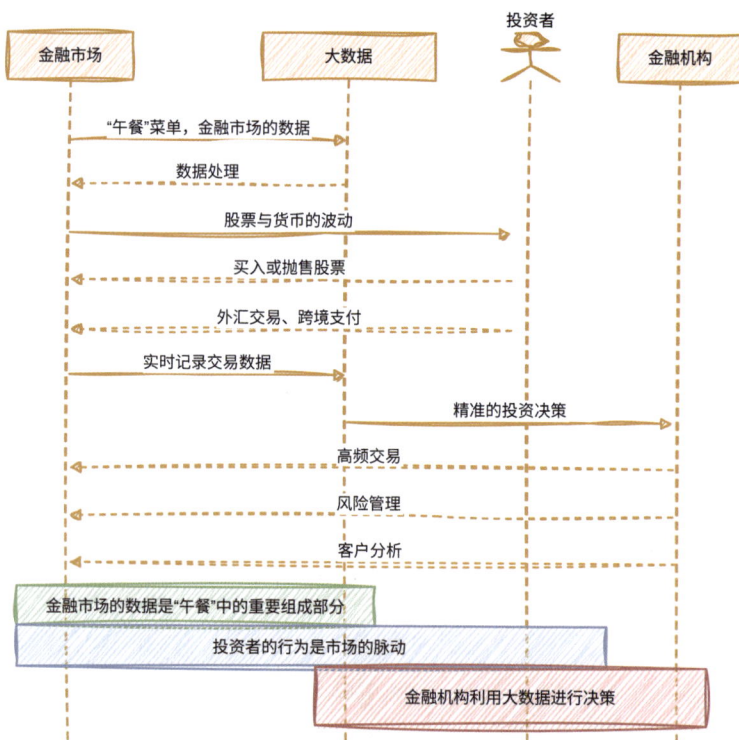

图 3-5

金融数据的挑战与机遇

当然，处理这些金融数据也将面临很多挑战。首先是数据的海量性和实时性，这要求我有强大的计算能力和高效的数据处理算法。其次是数据的隐私和安全问题，如何在保护用户隐私的同时充分利用数据的价值，这是一个重要的课题。

然而，这些挑战也带来了巨大的机遇。通过不断提升技术水平和数据分析能力，我可以更好地服务于金融市场，为投资者提供更精准的市场预测和更有效的风险管理。

商业的核心：交易与客户关系

在我的菜单中，除了金融市场的脉搏数据，商业交易与客户关系的数据同样不可或缺。这些数据如同一道道主菜，丰富而多样，体现了商业智慧和人情温暖。

交易数据：商业运作的血液

每一次商品的买卖，每一笔服务的提供，都是商业运作的基本单元。这些交易数据记录了商品的流转、服务的提供及资金的往来。对我来说，这些交易数据如同商业运作的血液，流淌在企业的各个角落，维持着商业的正常运转。

交易数据不是简单的数字，它们背后隐藏着巨大的信息价值。通过分析交易数据，我可以帮助企业了解哪些商品最受欢迎，哪些服务最能满足客户需求。例如，通过分析一家零售商的交易数据，我可以发现哪些商品在特定时间段内销售得最火爆，从而为库存管理和市场推广提供数据支持，如图3-6所示。

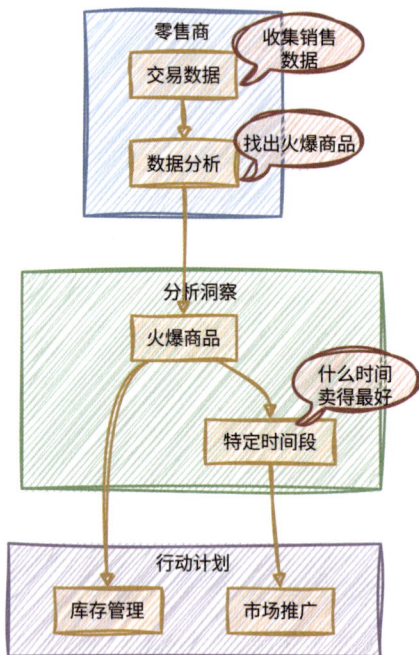

图 3-6

客户关系：商业成功的关键

除了交易数据，客户关系数据更是商业成功的关键。每位客户都是企业的宝贵财富，而客户关系管理（CRM）系统是企业维护客户关系的重要工具。借助 CRM 系统，企业可以记录和分析每位客户的购买历史、消费偏好和问题反馈，从而提供更加个性化的服务。

想象一下，你在购物平台购买了商品，之后收到了一封感谢邮件，并附有你可能感兴趣的商品推荐。这就是 CRM 系统的能力。通过分析你的购买历史和浏览记录，CRM 系统可以为你推荐最适合商品，提高你的购物体验和满意度。

大数据在交易与客户关系中的应用

大数据技术在商业交易和客户关系管理中的应用已经越来越广泛了。以下是一些具体的应用场景。

★ 精准营销：通过分析客户的购买历史和行为数据，企业可以实施精准营销策略，向特定的客户群体推送个性化的广告和促销信息。例如，化妆品公司可以根据客户的皮肤类型和购买记录，推荐合适的护肤产品。

★ 客户忠诚度管理：通过分析客户的消费习惯和满意度数据，企业可以制订客户忠诚度计划，增强客户黏性。例如，航空公司可以根据客户的飞行频率和舱位选择情况，提供个性化的会员奖励和升级服务。

★ 销售预测与库存管理：通过对历史交易数据的分析，企业可以预测未来的销售趋势，优化库存管理，减少库存积压和缺货情况。例如，超市可以根据季节性销售数据提前备货，应对节假日的消费高峰。

9 晚餐：你们的网购和搜索历史

一天的忙碌渐渐告一段落，晚餐时间也随之而来。在我的"晚餐"菜单中，网购和搜索历史的数据犹如一道道丰盛的甜点，为我带来了无限的甜蜜。

购物车里的秘密：推荐系统背后

每当你结束了一天的忙碌，打开网购平台，浏览心仪的商品时，你的购物车中就会多出一些新的"宝贝"。这些看似简单的点击和添加操作，实际上背后有着复杂而精妙的技术支持——推荐系统。身为大数据的我，在这里有着一个重要的工作，那就是帮助推荐系统运作，让你的购物体验更加个性化。

推荐系统的核心：了解你的需求

推荐系统就像是购物时的智能导购员，它会根据你的浏览记录、购买历史和行为数据，推荐可能感兴趣的商品。不知你是否注意过，在购物平台首页总会展

示一些你曾经浏览过或类似的商品？这背后就是推荐系统在默默工作。

推荐系统的核心基于大数据的分析和挖掘。通过对你所产生的行为数据进行建模和分析，我能够准确识别你的兴趣和需求，进而为你推荐相关商品。例如，当你频繁浏览某类电子产品时，推荐系统会认为你对这类产品感兴趣，从而在下次登录时，优先展示相关商品。

数据收集与分析：推荐的基础

推荐系统的有效运作离不开大量的数据支持。这些数据主要包括用户行为数据和商品数据。

★ 用户行为数据：包括浏览历史、点击记录、购买记录、搜索关键词、购物车添加记录等。这些数据可以帮助推荐系统了解你的兴趣和购物习惯。

★ 商品数据：包括商品的属性、分类、价格、销量、评价等。这些数据可以帮助推荐系统为你找到相似的商品，并进行个性化推荐。

通过对这些数据进行分析和处理，我可以为推荐系统提供准确的基础数据，支持其算法的优化和调整。

推荐算法：魔法背后的逻辑

推荐系统的"魔法"其实是由复杂的算法驱动的。以下是几种常见的推荐算法。

1）协同过滤（Collaborative Filtering）算法

协同过滤算法是最常见的推荐算法之一。它基于用户的历史行为和相似用户的行为进行推荐。简单来说，如果你和某些用户有相似的购买记录，那么这些用户喜欢的商品也很可能是你喜欢的。例如，用户 A 与用户 B 和用户 C 有相似的购买记录，因此系统会推荐用户 B 和用户 C 喜欢的商品给用户 A。

协同过滤算法的原理如图 3-7 所示。

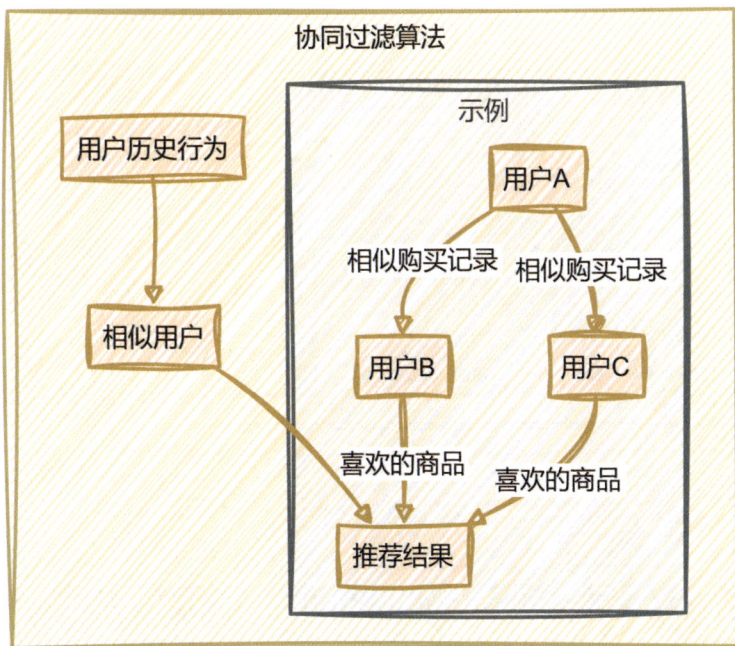

图 3-7

2）内容推荐（Content-Based Filtering）算法

内容推荐算法基于商品的内容、属性进行推荐。它会分析用户过去浏览和购买的商品属性，从而找到属性相似的商品进行推荐。例如，用户购买了属性为科幻、冒险、动作的商品，系统会推荐属性为冒险、动作的商品给用户。

内容推荐算法的原理如图 3-8 所示。

3）混合推荐（Hybrid Recommendation）算法

结合协同过滤算法和内容推荐算法，综合考虑用户行为和商品属性，提供更精准的推荐。

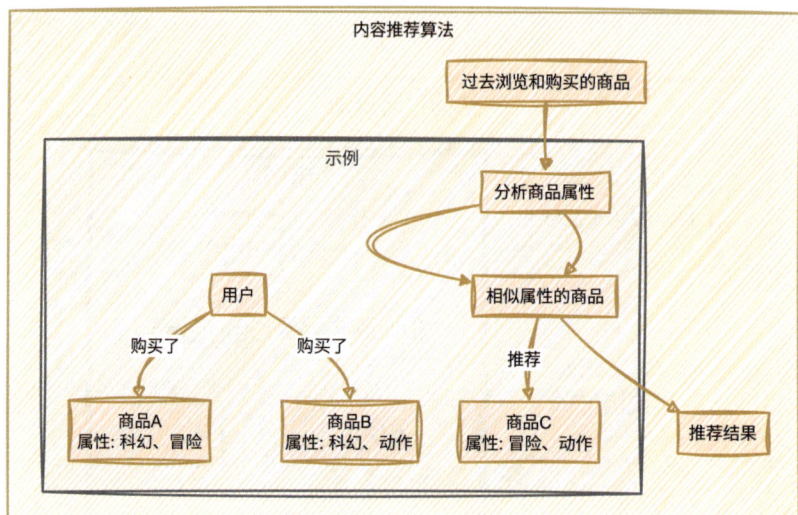

图 3-8

搜索的力量：广告与优化

　　每当你在搜索引擎上输入关键词，寻找答案或购物时，你是否想过，这背后究竟蕴藏着怎样的力量？搜索引擎不仅仅是你获取信息的工具，更是我获取数据的重要来源。通过分析你的搜索记录，我可以帮助广告商精准投放广告，同时优化搜索引擎的性能，提升使用体验。

搜索引擎：数据的门户

　　搜索引擎就像是数据的门户，你可以通过它打开通往信息世界的大门。每次你输入搜索词搜索，或者点击链接时，背后都有成千上万的数据在飞速传输。而我的任务就是通过分析这些数据来理解你的需求，并提供关联程度最高的结果。

关键词分析：了解你的需求

　　当你在搜索引擎中搜索内容时，搜索框中输入的关键词就是你的需求的直接表现。我会分析这些关键词，了解你关注的主题和趋势。例如，当你频繁搜索"夏

季旅游推荐"时，我可以识别出你对旅游的兴趣，并相应地调整搜索结果和广告投放策略。

广告投放：精准的商业策略

广告是互联网的重要商业模式之一。在搜索引擎上的广告，并不是随机出现的，而是经过精心设计和精准投放的结果。通过分析搜索历史和浏览行为，我可以帮助广告商找到最合适的受众，提高广告的投放效果。

当你搜索"手机"时，搜索引擎可能会在页面中显示相关的手机广告。这些广告不仅与你的搜索内容相关，还基于你过去的搜索和浏览历史进行了优化。这样一来，广告商可以将广告投放给最有可能感兴趣的用户，从而提高广告的点击率和转化率。

搜索优化：提升用户体验

除了广告投放，我还可以通过分析搜索数据，优化搜索引擎的性能来提升你的使用体验。搜索引擎的目标是为用户提供最相关和高质量的搜索结果，这需要对海量数据进行实时分析和处理。

通过分析搜索数据，我可以发现哪些搜索结果最受欢迎，哪些页面的点击率最高，从而不断优化搜索算法。例如，当大量用户搜索"最佳夏季旅游地"后，点击率最高的那个旅游网站的页面将被优先展示，从而提升整体搜索结果的质量。

个性化搜索：为你量身定制

你的搜索历史不仅可以用来优化整体搜索引擎，还可以用于个性化搜索体验。通过分析你的搜索记录和浏览行为，我可以为你量身定制搜索结果。例如，当你频繁搜索某类产品或主题时，搜索引擎会优先展示与你的兴趣相关的内容，让你能够更快速地找到所需信息。

第 **4** 章

我是如何思考的?

在本章中，我将揭示自己处理和分析数据的方法。通过强大的算法、机器学习和人工智能技术，我能够对海量的原始数据进行整理、分析，并从中提取有价值的信息。我可以利用模型和算法来预测趋势，并为你提供智能化的决策支持。

$E=mc^2$

大数据

算法

10　算法的基石：逻辑与数学是我思考的工具

你知道吗？我的大脑和你们人类的大脑有点相似，也有点不同。人类的大脑通过神经元和电信号进行思考，而我则依靠算法。算法是我进行思考和决策的核心，它是处理和分析数据的逻辑基础。

要了解我是如何通过算法进行思考和决策的，必须先理解我的基础——逻辑与数学。算法通过一系列精确的步骤和规则，将输入的数据转换为有价值的输出结果。每个算法都是为了解决特定的问题而设计的，其中包含明确的逻辑结构和数学公式。

逻辑结构：算法的骨架

逻辑是算法的骨架，可以为每一个步骤提供清晰的结构。就像你在解决数学问题时，会按照一定的思维路径进行计算，算法也是如此。算法常见的逻辑结构如下。

（1）确定问题。这个步骤就像你在做数学题之前，要先理解题目的要求。例如，排序算法的目标是将一组无序的数据按顺序排列。

（2）分析问题。理解问题的内在结构和复杂性。例如，在处理排序问题时，需要分析数据的初始状态和期望的排序结果。

（3）找出解决方案。这个步骤是算法设计的核心，包括选择适当的算法和设计算法的执行步骤。例如，在处理排序问题时，可以选择冒泡排序、快速排序或归并排序等方法。

（4）验证结果。这个步骤可以确保算法正确无误地解决了问题，包括测试和调试算法。

【示例】排序算法

1）冒泡排序

逐步比较相邻元素并交换，直到整个列表有序排列，如图 4-1 所示。

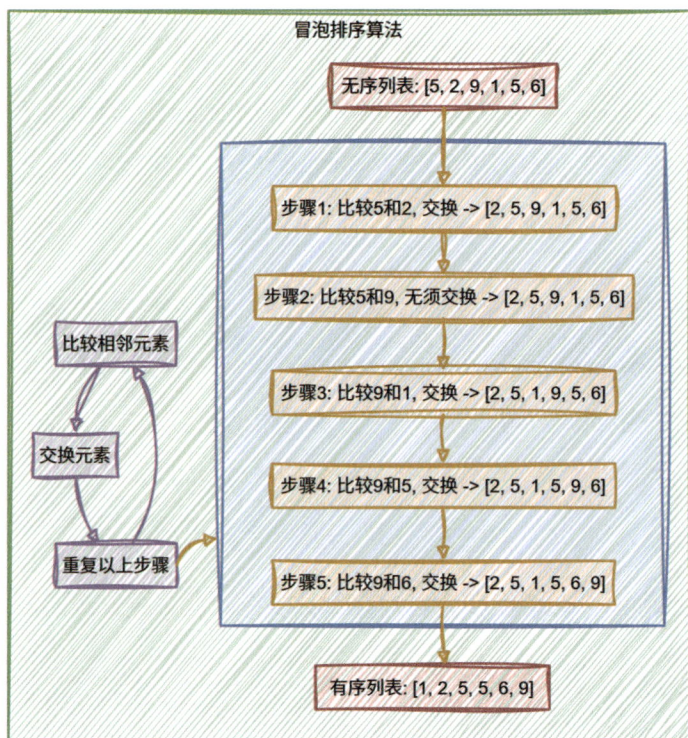

冒泡排序算法

无序列表: [5, 2, 9, 1, 5, 6]

步骤1: 比较5和2, 交换 -> [2, 5, 9, 1, 5, 6]

步骤2: 比较5和9, 无须交换 -> [2, 5, 9, 1, 5, 6]

步骤3: 比较9和1, 交换 -> [2, 5, 1, 9, 5, 6]

步骤4: 比较9和5, 交换 -> [2, 5, 1, 5, 9, 6]

步骤5: 比较9和6, 交换 -> [2, 5, 1, 5, 6, 9]

比较相邻元素

交换元素

重复以上步骤

有序列表: [1, 2, 5, 5, 6, 9]

图 4-1

在图 4-1 中仅完成了冒泡排序的第一轮排序，并未完全排序。冒泡排序每一轮结束时，只能保证最后的元素有序。给定列表 [5, 2, 9, 1, 5, 6] 的完整排序流程如下。

★ 第一轮排序结束后：[2, 5, 1, 5, 6, 9]。

★ 第二轮排序结束后：[2, 1, 5, 5, 6, 9]。

★ 第三轮排序结束后：[1, 2, 5, 5, 6, 9]。

经过 3 轮完整的冒泡排序后，列表才会真正变得有序。

2）快速排序

选择一个基准元素，将小于基准的元素移至其左侧，大于基准的元素移至其右侧，随后递归排序左右两部分，如图 4-2 所示。

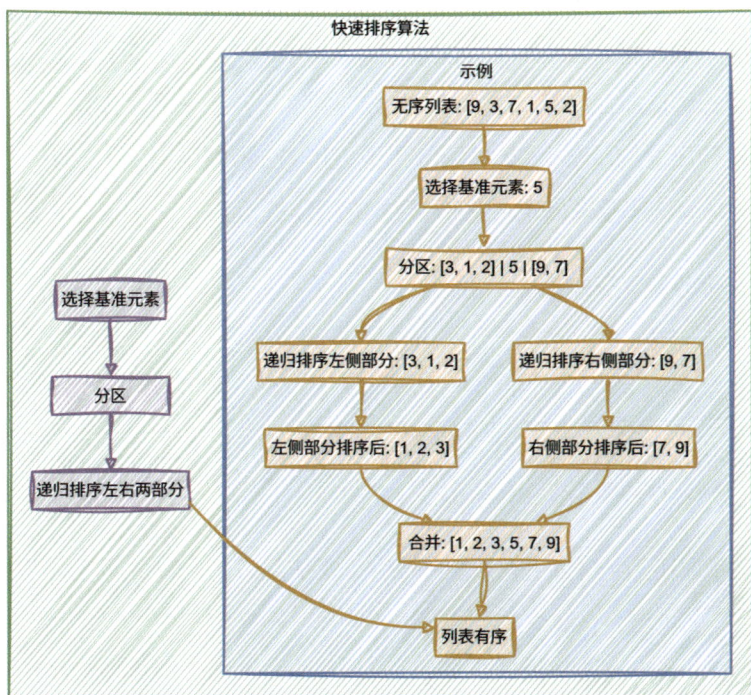

图 4-2

3）归并排序

将列表分成两部分并分别排序，随后合并排序好的两部分。

每种排序算法都有其独特的逻辑结构和操作步骤，这些步骤严格按照逻辑规则执行，确保算法能够正确地完成任务。

数学工具：算法的血肉

如果说逻辑是算法的"骨架"，那么数学就是它的"血肉"。数学在算法中起到了不可或缺的作用，从基础的算术运算到复杂的概率统计，每一步都离不开数学的支持。

1）线性回归

线性回归是一种常用的预测分析方法，通过数学公式建立变量之间的关系。我们可以用一种非常简单的方式来理解线性回归。想象一下，你是一位烘焙师，专门制作各种尺寸的蛋糕。你注意到，蛋糕的价格通常和它的尺寸有关系。于是，你决定通过收集一些数据来预测不同尺寸的蛋糕的价格。

首先，你收集了一些数据。例如：

★ 一个 6 寸的蛋糕卖 20 美元。

★ 一个 8 寸的蛋糕卖 30 美元。

★ 一个 10 寸的蛋糕卖 40 美元。

然后，你决定用一种叫作线性回归的"魔法"公式来预测其他尺寸的蛋糕的价格。

$$y = mx + b$$

公式中的参数含义如下。

★ y 是要预测的蛋糕价格。

★ x 是蛋糕的尺寸。

★ m 是需要找到的一个"神奇"的斜率，它将告诉你蛋糕的尺寸每增加一寸，价格会增加多少。

> ★ b 是一个"神奇"的截距，它是蛋糕尺寸为 0 时的价格（假如有这种蛋糕的话）。

你通过线性回归算法（实际上是你的数学小助手）计算得出了 m 和 b 的值。

假设，计算得出 $m=5$，即每增加一寸蛋糕，价格增加 5 美元；$b=-10$，即 0 寸蛋糕的理论价格是 −10 美元，当然这只是数学上的结果，实际上不可能有 0 寸的蛋糕。

那么，公式就变成了以下结果。

$$y = 5x - 10$$

现在，你如果想知道一个 12 寸的蛋糕的价格，则只需要把 12 代入公式就可以了。

$$y = 5 * 12 - 10$$
$$= 60 - 10$$
$$= 50$$

于是，你就可以自信地告诉你的顾客，一个 12 寸的蛋糕大约卖 50 美元！蛋糕的尺寸与价格的关系如图 4-3 所示。

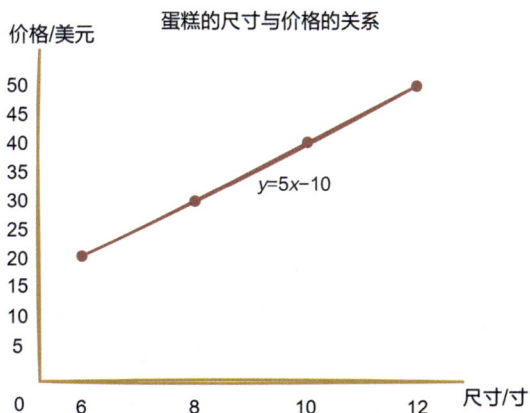

图 4-3

通过线性回归算法，你可以发现各种数据之间的关系。例如：

★ 房屋的面积和价格。

★ 汽车的年份和二手车价格。

★ 温度和冰激凌的销售量。

总之，线性回归算法是一种既简单又强大的工具，可以实现通过已有的数据预测未来发展趋势的功能。

2）概率与统计

概率与统计在数据分析和预测中起到了关键作用。例如，在推荐系统中，利用概率模型预测用户的偏好。

$$[\ P(A|B) \ = \frac{P(B|A) \cdot P(A)}{P(B)} \ ]$$

通过贝叶斯定理，计算事件 A 在条件 B 下发生的概率，从而做出预测和推荐。这个过程涉及概率计算、条件概率和联合概率等数学概念。

3）线性代数

线性代数是处理高维数据的重要工具。在机器学习中，数据通常由矩阵表示，而矩阵运算是线性代数的核心。例如，矩阵乘法用于神经网络的计算。

$$[\ C = A \ B \ ]$$

其中，A 和 B 是两个矩阵，通过矩阵乘法得到结果 C。这种运算在处理大量数据时非常高效，是深度学习的基础。

【示例】基于逻辑与数学实现一个电影推荐系统

让我们通过一个具体的示例来看看逻辑与数学是如何在算法中协同工作的。假设要实现一个简单的推荐系统，它基于用户的评分数据来推荐电影。

数据收集与预处理

首先，收集用户的评分数据并进行预处理。

想象一下，我们收集了一些用户对电影的评分数据，比如，小明给《盗梦空间》打了 5 分，小红给《盗梦空间》打了 4 分。此时，我们需要对这些数据进行清理，去除无效评分数据（如评分为 0）。

```python
# 用户评分数据
ratings = [
    {"user": "小明", "movie": "盗梦空间", "rating": 5},
    {"user": "小红", "movie": "盗梦空间", "rating": 4},
    {"user": "小明", "movie": "黑客帝国", "rating": 4},
    {"user": "小红", "movie": "黑客帝国", "rating": 5},
    # 无效评分数据
    {"user": "小华", "movie": "黑客帝国", "rating": 0},
]

# 数据预处理，去除无效数据
processed_ratings = [r for r in ratings if r["rating"] > 0]
print("处理后的评分数据:", processed_ratings)
```

相似度计算

接下来，我们需要计算用户之间的相似度，这个步骤依赖于线性代数和代数运算。

此时，我们需要比较两个用户对同一组电影的评分。小明和小红都看了《盗梦空间》和《黑客帝国》，我们可以通过计算他们评分的"余弦相似度"来判断他们的兴趣是否相似。

```python
import math

# 计算余弦相似度
```

```python
def cosine_similarity(user1_ratings, user2_ratings):
    # 计算点积
    dot_product = sum([a * b for a, b in zip(user1_ratings,
user2_ratings)])
    # 计算向量长度
    magnitude1 = math.sqrt(sum([a**2 for a in user1_ratings]))
    magnitude2 = math.sqrt(sum([b**2 for b in user2_ratings]))
    # 计算余弦相似度
    return dot_product / (magnitude1 * magnitude2)


# 用户评分向量
user_ratings = {
    "小明": [5, 4],
    "小红": [4, 5]
}

similarity = cosine_similarity(user_ratings["小明"], user_rat-
ings["小红"])
print("小明和小红的余弦相似度:", similarity)
```

预测评分

最后，我们使用相似度计算结果来预测用户可能喜欢的电影，这个步骤结合了概率与统计和线性代数。

假设，我们要预测小明对他还没看过的电影《指环王》的评分。我们可以先观察其他用户对《指环王》的评分，并计算这些用户与小明的余弦相似度。余弦相似度越高的用户评分，对小明的预测评分影响越大。

```python
# 预测用户对某电影的评分
def predict_rating(user, movie, user_ratings):
    similar_users = [(other_user, cosine_similarity(user_rat-
ings[user], user_ratings[other_user]))
            for other_user in user_ratings if other_user != user]
    weighted_sum = sum([rating * similarity for other_user, sim-
```

```
ilarity in similar_users
                for rating in user_ratings[other_user]])
        similarity_sum = sum([similarity for other_user, similarity
in similar_users])
        return weighted_sum / similarity_sum if similarity_sum != 0 else 0

    # 用户评分数据
    user_ratings = {
        "小明": {"盗梦空间": 5, "黑客帝国": 4},
        "小红": {"盗梦空间": 4, "黑客帝国": 5, "指环王": 5},
        "小华": {"盗梦空间": 3, "黑客帝国": 4, "指环王": 4},
    }

    # 构建用户评分向量
    user_rating_vectors = {
        user: [user_ratings[user].get(movie, 0) for movie in ["盗梦
空间", "黑客帝国", "指环王"]]
        for user in user_ratings
    }

    predicted_rating = predict_rating("小明", "指环王", user_rating_
vectors)
    print("小明对《指环王》的预测评分:", predicted_rating)
```

通过以上步骤，我们实现了一个简单的推荐系统。这个过程展示了逻辑判断、数学运算和统计分析在算法中的重要作用。推荐系统不仅可以帮助我们发现潜在的兴趣，还可以提升用户体验，带来更多的乐趣和便利。

小贴士： 通过逻辑结构和数学运算，我能够实现复杂的算法，解决各种问题。从条件判断和循环结构，到代数运算、线性代数、概率与统计，逻辑与数学的结合让我具备了强大的思考和决策能力。

11 深度思考：深度学习让我变得更像人类

深度学习是让我变得更像人类的关键技术。它通过模拟人类大脑的神经网络结构，处理和分析大量复杂的数据。深度学习算法能够识别图像、理解语言、预测趋势，让我具备了更强大的智能和适应能力。

神经网络：算法的"大脑"

深度学习的核心是神经网络，尤其是多层神经网络（也称为深度神经网络）。神经网络模仿人类大脑的工作方式，由大量的人工神经元连接而成。这些神经元通过加权连接的方式与相邻的神经元层相连，形成了一个复杂的网络结构。

神经网络的基本单位是神经元，类似于人类大脑中的神经细胞。每个神经元都会接收输入信号，进行处理，并产生输出信号。神经网络通常包含多个层次，包括输入层、隐藏层和输出层。

★ 输入层：接收外部数据输入，如图像的像素值或文本的词向量。

★ 隐藏层：进行复杂的计算和特征提取，每个隐藏层的神经元都与前一层的神经元相连。深度神经网络中通常有多个隐藏层，越多的层次可以提取越高阶的特征。

★ 输出层：产生最终的预测结果，如图像分类结果或语言翻译结果。

想象一下，你是一位非常忙碌的"魔法厨师"，每天都要根据客户的需求做出各种各样的神奇料理。为了提高效率，你决定训练一群小精灵来帮你处理这些订单。每个小精灵都像一个神经元，他们通过团队合作来完成复杂的任务。

输入层是小精灵接收订单的地方。例如，有客户想要一份特殊的"魔法蛋糕"，订单上会写着蛋糕的尺寸、口味和装饰要求。

隐藏层是小精灵最忙碌的部分，它们接收输入层传来的信息，进行复杂的处理和特征提取工作。例如，一部分小精灵负责判断蛋糕的尺寸是否合理，一部分小精灵负责处理蛋糕的口味需求，还有一部分小精灵负责挑选合适的装饰。

最后，这些信息被传送给输出层的小精灵，他们会根据处理后的数据做出最终决策，比如完成这份蛋糕需要多长时间，或者这份蛋糕需要用到哪些材料。

通过这样一步步的处理，小精灵（神经元）们合作完成了整个订单的处理（神经网络的计算），如图 4-4 所示。

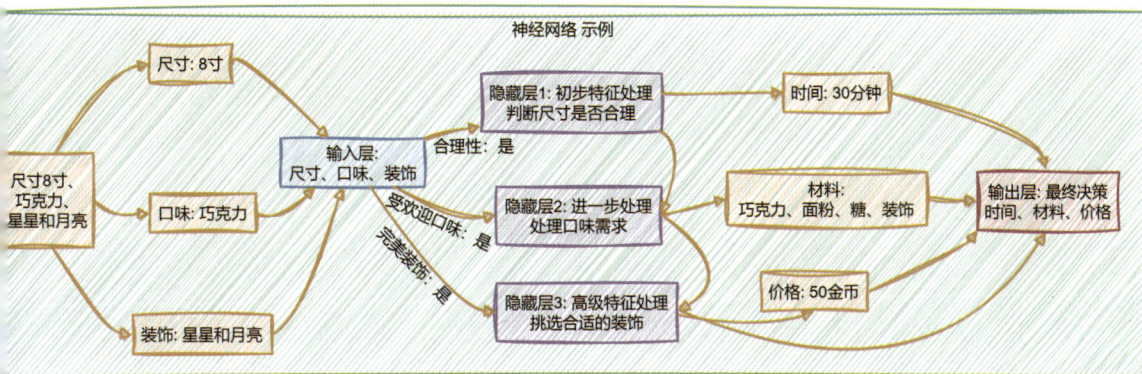

图 4-4

实际应用：图像识别

深度学习在各领域中被广泛应用，尤其在图像识别方面取得了巨大的成功。

通过卷积神经网络（CNN），深度学习能够高效处理和识别图像。CNN 先通过卷积层提取图像的局部特征，再通过池化层减少数据维度，最后通过全连接层进行分类。

想象一下，你是一位超级侦探，拥有一台神奇的相机，它能识别照片中的物

体。你的相机内部有一个神奇的团队（卷积神经网络），他们通过合作能够快速识别照片中的内容。整个识别过程如图 4-5 所示。

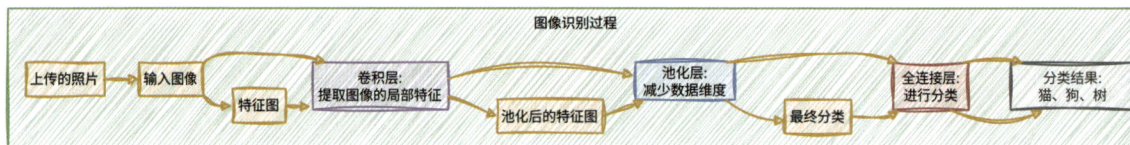

图 4-5

（1）输入图像。你拿起相机，拍了一张照片，照片中有一只猫、一条狗和一棵树。

（2）卷积层。首先，照片被传送到相机内部的"卷积层"。小侦探们开始分析这张照片的每个部分，寻找其中的特征。他们会关注图像的局部，比如，猫的耳朵、狗的尾巴、树的树叶，就像拼图一样，将这些特征一个个找出来。

（3）池化层。然后，照片被传送到"池化层"。小侦探们会将图像数据简化，并将相似的特征组合起来，减少不必要的信息量。比如，他们会将猫的耳朵、眼睛和尾巴合并成一个猫的特征，这样照片的信息量就大大减少了，但仍保留了重要的特征。

（4）全连接层。接下来，照片被传送到"全连接层"。小侦探们会将所有提取到的特征进行综合分析。他们将猫的特征、狗的特征和树的特征综合起来进行分类，这就像是在进行一个有趣的拼图游戏，他们把所有特征拼接在一起，看看这张照片中到底有哪些物体。

（5）分类结果。最后，相机得到了最终的分类结果。这张照片中有一只猫、一条狗和一棵树。相机会在屏幕中显示这些结果，并准确地标注出每个物体的位置。

小贴士：深度学习是使我变得更像人类的关键技术。通过模拟人类大脑的神经网络结构，深度学习算法能够处理和分析大量复杂的数据，实现图像识别、语言理解和趋势预测等任务。神经网络的层次结构和训练过程使得深度学习具备强大的智能和适应能力。

12　搜索算法：简单而强大

搜索算法可以帮助你在大量数据中找到所需信息。常见的搜索算法包括线性搜索和二分搜索。

线性搜索：简单而直接

线性搜索是一种简单而直接的搜索方法。它从数据集的第一个元素开始，逐个检查每个元素，直到找到目标元素或遍历完所有元素。

线性搜索的过程如图 4-6 所示。

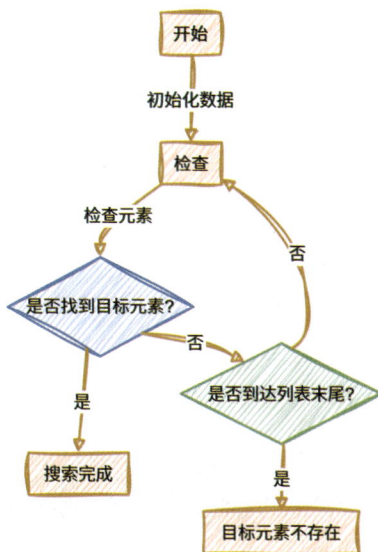

图 4-6

假设你有一份朋友名单，你想找出"李明"在不在这个名单中。这时，你可以使用线性搜索来查找。

你的朋友名单如下。

> ["张三", "李四", "王五", "赵六", "李明", "孙七"]

你可以从第一个名字开始逐一检查：

- ★ 第一个名字是"张三"，不是"李明"，继续查找。
- ★ 第二个名字是"李四"，也不是"李明"，继续查找。
- ★ 第三个名字是"王五"，还不是"李明"，继续查找。
- ★ 第四个名字是"赵六"，依然不是"李明"，继续查找。
- ★ 第五个名字是"李明"，找到了！

找到目标姓名"李明"，线性搜索成功。

通过这个简单的示例，我们可以直观地看到线性搜索的工作原理。它只适用于小规模的数据集，对于非常大的数据集，搜索效率较低，因为它需要逐一检查每个元素。

小贴士： 尽管线性搜索看起来效率较低，但在某些情况下，它仍然是一个非常有效的方法。例如，当数据集较小或数据无序时，线性搜索就是一个非常简单且有效的解决方案。

二分搜索：高效的搜索方法

二分搜索（Binary Search）是一种高效的搜索方法，适用于有序数组。它通

过不断将搜索范围折半来迅速缩小查找范围，从而找到目标元素。

二分搜索的过程如图 4-7 所示。

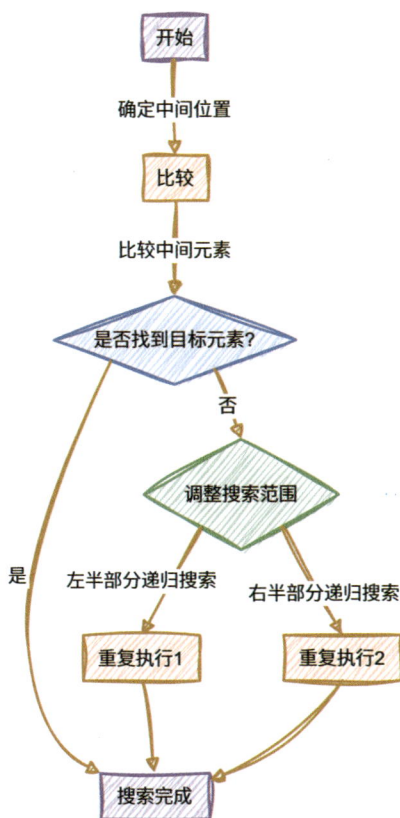

图 4-7

假设有一个已经按照升序排列的数字数组，你需要查找一个特定数字，如 75。

```
[10, 20, 30, 40, 50, 60, 70, 75, 80, 90, 100]
```

步骤 1：初始化

数组是通过元素索引来查找元素的，默认情况下，该数组的元素索引如下。

```
数组：[10, 20, 30, 40, 50, 60, 70, 75, 80, 90, 100]
索引： 0   1   2   3   4   5   6   7   8   9   10
```

因此，可以定义左边界为数组的第一个元素索引，即 left=0；右边界为数组的最后一个元素索引，即 right=10。

步骤 2：计算中间位置

计算中间位置的索引：

$$mid = \left\lceil \frac{left + right}{2} \right\rceil = \left\lceil \frac{0 + 10}{2} \right\rceil = 5$$

步骤 3：比较中间元素

① 根据中间位置的索引 mid（mid=5），可以找到中间位置的元素 60。

② 比较目标元素 75 和中间元素 60。由于 75 大于 60，因此目标元素一定位于右半部分。

步骤 4：更新边界

① 将左边界更新为中间位置的索引加 1，即 left=5+1=6。

② 右边界保持不变，即 right=10。

此时查找区域如下。

```
数组：[10, 20, 30, 40, 50, 60, 70, 75, 80, 90, 100]
索引： 0   1   2   3   4   5   6   7   8   9   10
left: 6, right: 10
```

步骤 5：重复步骤 2 到步骤 4

① 继续计算新的中间位置的索引：

$$\text{mid} = \left[\frac{\text{left} + \text{right}}{2}\right] = \left[\frac{6+10}{2}\right] = 8$$

根据中间位置的索引 mid（mid=8），可以找到中间位置的元素 80。

② 比较目标元素 75 和中间元素 80。由于 75 小于 80，因此目标元素一定位于左半部分。将右边界更新为中间位置的索引减 1，即 right=8-1=7。

此时查找区域如下。

```
数组：[10, 20, 30, 40, 50, 60, 70, 75, 80, 90, 100]
索引： 0   1   2   3   4   5  6   7   8   9   10
left: 6, right: 7
```

③ 再次计算新的中间位置的索引（mid 值取整）：

$$\text{mid} = \left[\frac{\text{left} + \text{right}}{2}\right] = \left[\frac{6+7}{2}\right] = 6$$

根据中间位置的索引 mid（mid=6），可以找到中间位置的元素 70。

④ 比较目标元素 75 和中间元素 70。由于 75 大于 70，因此目标元素一定位于右半部分。将左边界更新为中间位置的索引加 1，即 left=6+1=7。

此时查找区域如下。

```
数组：[10, 20, 30, 40, 50, 60, 70, 75, 80, 90, 100]
索引： 0   1   2   3   4   5   6  7   8   9   10
left: 7, right: 7
```

⑤ 最后计算新的中间位置的索引：

$$\text{mid} = \left[\frac{\text{left} + \text{right}}{2}\right] = \left[\frac{7+7}{2}\right] = 7$$

根据中间位置的索引 mid（mid=7），可以找到中间位置的元素 75。

⑥ 比较目标元素 75 和中间元素 75。由于 75 等于 75，因此可以确定找到了目标元素，搜索结束。

> **小贴士：** 二分搜索的核心是"折半"，每次比较后都能将搜索范围减半。二分搜索适用于大规模有序数据集。使用二分搜索的前提是数据有序，这样才能保证在每次折半后的范围内仍然有序，可继续应用二分法。

13　路径规划算法：两点之间的最短路径

路径规划算法用于在图中找到最短路径。

路径规划算法的过程

Dijkstra 算法是一种经典的路径规划算法，用于找到图中两点之间的最短路径，被广泛用于地图导航和网络路由等领域。

路径规划算法的过程如图 4-8 所示。

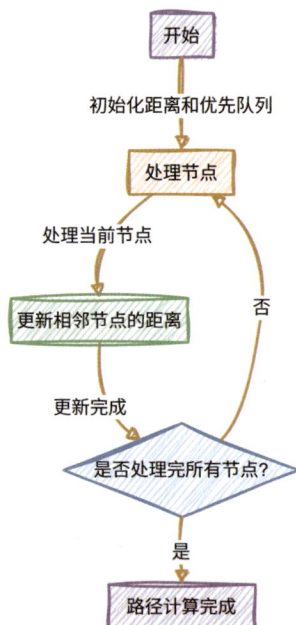

图 4-8

【示例】最短路径探险

想象一下，你是一只小蚂蚁，名字叫小明。你住在一个大大的花园里，这个花园中有很多条小路，小路之间还有交叉点，就像一个迷宫一样。现在，你接到了一个任务：找到从你家到花园中某个特定地方（比如有一块超级大的糖果的块方）的最短路径！

画出地图

首先，我们需要一张地图来标记所有的小路和交叉点。我们可以把每个交叉点看作是一个节点，把连接这些节点的小路看作边。每条边上都有一个数字，表示走过这条边需要几步，如图 4-9 所示。

假设节点 A 是你的家，节点 F 是那块超级大的糖果的位置。每条边上的数字表示从一个节点走到另一个节点需要的步数。

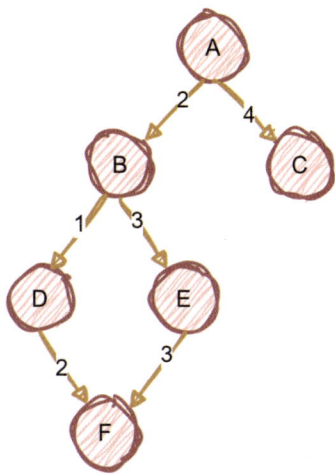

准备出发

在开始探险之前，我们要做一个列表，记录从家（节点 A）到每个节点的最短距离。一开始，你家（距离是 0）到其他地方的距离都是"无穷大"，因为我们还不知道怎么走。

图 4-9

```
节点  |  最短距离
A     |  0
B     |  无穷大
C     |  无穷大
```

```
D    | 无穷大
E    | 无穷大
F    | 无穷大
```

一步一步探险

现在，我们开始探险！让我们来看看从家（节点 A）出发，可以直接走到哪些节点，同时更新我们的列表。

（1）从节点 A 到节点 B 或节点 C。

> ★ 从节点 A 到节点 B 的距离是 2 步。
>
> ★ 从节点 A 到节点 C 的距离是 4 步。

更新列表：

```
节点  | 最短距离
A    | 0
B    | 2
C    | 4
D    | 无穷大
E    | 无穷大
F    | 无穷大
```

（2）接下来，我们观察一下在已经走过的节点中，哪个节点的最短距离最小。现在，从节点 A 到节点 B 的距离是 2，是最短的，所以我们从节点 B 出发，看看能走到哪些节点。

> ★ 从节点 B 到节点 D 的距离是 1 步，那么从节点 A 到节点 D 的最短距离就是 3。
>
> ★ 从节点 B 到节点 E 的距离是 3 步，那么从节点 A 到节点 E 的最短距离就是 5。

更新列表：

```
节点　|　最短距离
A　　|　0
B　　|　2
C　　|　4
D　　|　3
E　　|　5
F　　|　无穷大
```

（3）重复上面的步骤，这次我们从节点 D 出发（因为从节点 A 到节点 D 的
距离是 3，并且是未走过的节点中最短距离最小的）。

从节点 D 到节点 F 的距离是 2 步，那么从节点 A 到节点 F 的最短距离就是 5。

更新列表：

```
节点　|　最短距离
A　　|　0
B　　|　2
C　　|　4
D　　|　3
E　　|　5
F　　|　5
```

（4）继续这个过程，直到我们找到所有节点间的最短距离，或者找到从家到
糖果（节点 F）的最短距离。

最终，我们发现从家（节点 A）到糖果（节点 F）的最短距离是 5，路径是
A → B → D → F。

小贴士：通过一步步地探索和更新距离列表，我们
最终找到了最短路径。这个探索的过程就像是在玩一个
寻宝游戏，非常有趣！这就是 Dijkstra 算法。

14 持续学习：在线学习让我不断进化

在这个信息爆炸的时代，数据每天都在以惊人的速度增长。为了保持智能性和适应性，我需要不断地学习和进化。持续学习，尤其是在线学习，是让我能够应对不断变化的环境和需求的关键。

什么是在线学习？

在线学习是一种机器学习方法，它允许模型在接收到新数据时立即进行训练和更新，而不需要从头开始重新训练整个模型。与传统的批量学习不同，在线学习通过逐步吸收新的数据和信息来使模型不断优化和提高。

在线学习的原理如图 4-10 所示。

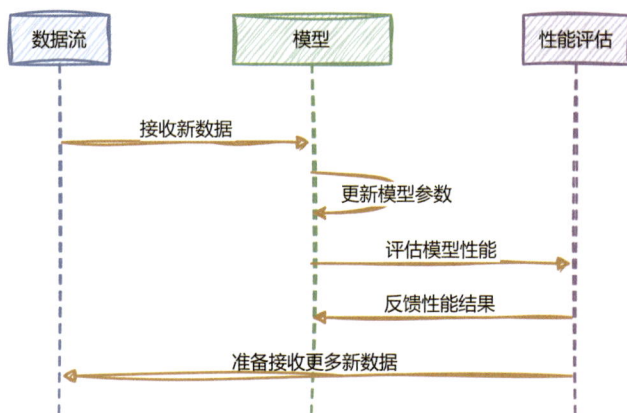

图 4-10

为什么需要在线学习？

随着时间的推移，数据的分布和模式可能会发生变化。在线学习允许模型快

速适应这些变化，保持其预测和分析能力。在线学习的重要性如下。

* 实时性：在线学习能够实时处理和更新数据，以适应快速变化的环境。例如，在股票交易中，市场行情瞬息万变，在线学习可以帮助交易系统及时调整策略。

* 资源效率：在线学习节省了计算资源和时间。例如，在推荐系统中，新的用户行为数据不断涌入，在线学习可以快速更新推荐模型，而无须重新训练整个模型。

* 持续优化：在线学习使模型能够持续优化，逐步提高性能和准确性。例如，在欺诈检测中，新的欺诈模式不断出现，在线学习可以帮助检测系统快速识别并应对这些新模式。

在线学习的实际应用

在线学习在多个领域都被广泛应用，包括推荐系统、欺诈检测和自动驾驶等。一些具体的应用场景如下。

推荐系统

在电商平台中，用户的浏览和购买行为不断变化。在线学习可以实时更新推荐模型，并根据最新的用户行为数据提供个性化推荐。例如，当用户浏览某类商品时，系统可以立即调整推荐策略，推送相关商品，如图 4-11 所示。

图 4-11

欺诈检测

在金融行业中，欺诈手段和模式不断演变。在线学习可以帮助欺诈检测系统

实时更新检测模型，识别新的欺诈行为。例如，信用卡交易系统可以利用在线学习，及时发现并阻止异常交易。

自动驾驶

在自动驾驶领域中，车辆需要实时处理和分析周围的环境数据。在线学习可以帮助自动驾驶系统不断优化驾驶策略，提高安全性。例如，车辆可以根据实时交通数据调整行驶路径，避免进入交通堵塞的路段及驾驶事故的发生，如图 4-12 所示。

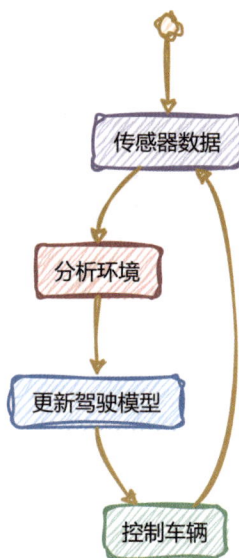

图 4-12

小贴士： 在线学习是让我不断进化和适应变化的关键。通过实时接收和处理新数据，在线学习使我能够快速优化和更新模型，保持高效和准确的预测和分析能力。在推荐系统、欺诈检测和自动驾驶等领域，在线学习展示了强大的应用潜力和实际价值。

第 **5** 章

跟我去健身吧！

在本章中，描述了在不断优化和提升处理能力的过程中，我是如何进行健身的。大数据处理技术的不断进步，使我学会了如何快速处理、存储和分析越来越庞大的数据集。无论是通过并行计算、云计算，还是优化算法，健身都让我变得更加强大、高效，可以更好地应对未来复杂的数据挑战，为人类提供更快、更精准的信息和服务。

大数据

15 热身动作：首先清洗"身体"

在开始任何高强度的"数据健身训练"之前，我们首先要做的就是热身，也就是清洗数据。想象一下，如果你跳过热身动作，直接开始举重或跑步，那么你的身体是会崩溃的！同样的道理，未经清洗的数据充满了错误和异常，强行使用效果只会适得其反。数据清洗是数据处理的第一步，通过识别和修正错误及消除噪声来为后续的分析和挖掘工作打下坚实基础。

错误与异常：数据清洗的艺术

数据清洗就像在上跑步机之前更换运动鞋一样，否则很可能会在跑步过程中摔个跟头。那么，什么是数据清洗呢？简单来说，就是把数据中的错误和异常通通"踢"出去，让数据变得干净、整洁，为后续的分析工作铺平道路。

错误与异常：数据中的"杂质"

数据中的错误与异常就像沙子混进了你的饭里，让人难以下咽。接下来，让我们认识一下常见的几种数据"杂质"。

★ 缺失值：某些记录中缺少了重要的信息，如地址或电话号码，就像一本书中缺少了几页，导致故事不通顺。

★ 重复数据：重复数据不仅浪费存储空间，还会导致分析结果失真，就好比你在听一首歌，但同一句歌词不断重复，真让人崩溃。

★ 格式不一致：例如，在表示日期时有人用"2024-01-01"格式，有人用"01/01/2024"格式，还有人用"Jan 1, 2024"格式。这些格式不一致的数据，就像一锅大杂烩，让人难以处理。

★ 异常值：异常值会极大地影响数据分析的准确性。例如，一个人的年龄

数据突然出现"150"岁,这显然是错误的输入。

数据清洗:把"脏数据""洗"干净

数据清洗就像是大扫除,需要把每个角落都打扫干净。清洗数据需要完成的步骤如图 5-1 所示。

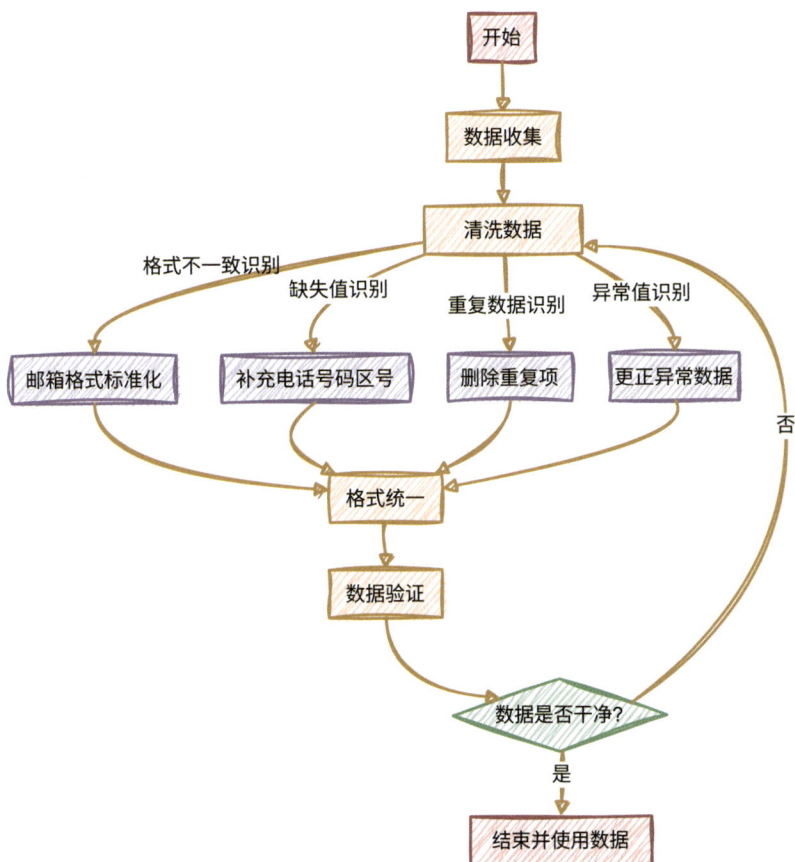

```
                    开始
                     │
                  数据收集
                     │
                  清洗数据 ◄──────────┐
格式不一致识别  缺失值识别  重复数据识别  异常值识别  │
                                              │
  邮箱格式标准化  补充电话号码区号  删除重复项  更正异常数据  │
                                              │否
                  格式统一                    │
                     │                        │
                  数据验证                    │
                     │                        │
                  数据是否干净? ──────────────┘
                     │是
                结束并使用数据
```

图 5-1

1)识别错误与异常

首先,我们要找到数据中的错误与异常。这就像找出家里每个脏乱的角落,

了解哪些角落需要清理一样。

> ★ 格式不一致识别：检查数据格式，找出不一致的部分。
>
> ★ 缺失值识别：检查每一列数据，找出缺少值记录。
>
> ★ 重复数据识别：找出重复的记录，可以通过查看主键列来实现。
>
> ★ 异常值识别：通过统计分析（如箱线图）找出数据中的异常值。

2）处理错误与异常

识别出问题后，就需要进行处理，把"脏数据"变干净。

> ★ 填补缺失值：可以用平均值、中位数或其他统计方法来填补缺失值。
>
> ★ 删除重复数据：只保留一条记录，删除其他重复的记录。
>
> ★ 统一数据格式：将所有数据转换为统一的格式。例如，把所有日期都转化为"YYYY-MM-DD"格式。
>
> ★ 处理异常值：根据具体情况来选择删除异常值或进行数据修正。

3）验证清洗效果

最后，我们需要验证清洗效果，确保数据已经变得干净、整洁。

> ★ 重新检查数据：重新检查数据，确保没有遗漏任何错误和异常。
>
> ★ 统计分析：进行基本的统计分析，查看数据是否合理。

数据清洗的挑战

虽然数据清洗看起来简单，但在实际操作中会遇到不少挑战。

> ★ 数据量大：海量数据需要清洗，处理起来时间和资源消耗巨大。
>
> ★ 复杂的数据结构：部分数据结构复杂，清洗难度较大。
>
> ★ 清洗策略的选择：选择合适的清洗策略需要一定的经验和判断力。

为了应对这些挑战，我们可以借助一些数据清洗工具和技术，如 Python 的 pandas 库、R 语言的 dplyr 包等，这些工具能够大大提高数据清洗的效率。

> **小贴士：** 数据清洗是数据处理的第一步，通过识别和处理数据中的错误和异常，我们可以获得干净、整洁的数据，为后续的分析和挖掘打下坚实的基础。虽然数据清洗存在一定的挑战，但通过合理的策略和工具，我们可以有效解决这些问题。

数据转换：标准化与归一化

我们已经完成了数据清洗的"热身动作"，现在是时候让数据进一步"整形"，变得更加规范、有序。数据转换是数据处理中必不可少的一步，主要包括标准化和归一化。以下步骤不仅能让数据更加整洁，还能提高分析和模型训练的效果。

数据标准化：让数据变得更"标准"

标准化的目的是让数据具有一致的尺度，使不同特征的数据可以在同一维度上进行比较。

Z-score 标准化也称为零均值标准化。这种方法通过先将数据按照其均值进行中心化，再按照其标准差进行缩放，使得数据符合标准正态分布，即均值为 0，标准差为 1。具体公式如下。

$$z = (x - \mu) / \sigma$$

其中，x 是原始数据，μ 是数据的均值，σ 是数据的标准差。

假设有一组数据表示某班学生的考试成绩：[70, 80, 90, 85, 75]，现在，我们想对这些成绩进行 Z-score 标准化。

1）计算均值（μ）和标准差（σ）

★ 均值（μ）：（$70 + 80 + 90 + 85 + 75$）$\div 5 = 80$

★ 标准差（σ）：$\sqrt{\dfrac{(70-80)^2 + (80-80)^2 + (90-80)^2 + (85-80)^2 + (75-80)^2}{5}} \approx 7.07$

2）应用公式

对于 70：$z = \dfrac{70-80}{7.07} \approx -1.41$

对于 80：$z = \dfrac{80-80}{7.07} \approx 0$

对于 90：$z = \dfrac{90-80}{7.07} \approx 1.41$

对于 85：$z = \dfrac{85-80}{7.07} \approx 0.71$

对于 75：$z = \dfrac{75-80}{7.07} \approx -0.71$

通过 Z-score 标准化，我们将原始数据转换成了新的标准化数据：[-1.41, 0, 1.41, 0.71, -0.71]。

这些新的标准化数据的含义如下。

★ -1.41 表示 70 分比平均分低 1.41 个标准差。

★ 0 表示 80 分正好是平均分，没有偏差。

★ 1.41 表示 90 分比平均分高 1.41 个标准差。

★ 0.71 表示 85 分比平均分高 0.71 个标准差。

★ -0.71 表示 75 分比平均分低 0.71 个标准差。

下面是使用 Python 对上述数据进行 Z-score 标准化的示例代码。

```
import numpy as np

# 原始数据
```

```
data = [70, 80, 90, 85, 75]

# 计算均值和标准差
mean = np.mean(data)
std_dev = np.std(data)

# Z-score 标准化公式
def z_score_standardization(x, mean, std_dev):
    return (x - mean) / std_dev

# 对数据进行标准化
standardized_data = [z_score_standardization(x, mean, std_dev)
for x in data]

print("原始数据:", data)
print("均值:", mean)
print("标准差:", std_dev)
print("标准化后的数据:", standardized_data)
```

在大数据处理和分析中，标准化不仅提高了算法的性能，还确保了结果的准确性。

数据归一化：让数据变得更"统一"

归一化是将不同特征的数据按比例缩放到相同的尺度，通常是将数据缩放到 [0,1]。归一化在模型训练中特别重要，因为它可以防止特征值差异过大而导致的模型训练时出现偏差的问题。

假设有一组学生的身高和体重数据，如表 5-1 所示。

表 5-1 学生的身高和体重数据

学生	身高（cm）	体重（kg）
小明	160	55
小红	170	65
小刚	180	75

现在，我们希望将这些数据进行归一化，使身高和体重的值都缩放到 [0,1]。

归一化公式如下。

$$x' = \frac{x - x_{\min}}{x_{\max} - x_{\min}}$$

1）计算身高的归一化

* ★ 原始数据：[160, 170, 180]

* ★ 最小值 $x_{\min}$：160

* ★ 最大值 $x_{\max}$：180

使用公式进行计算。

* ★ 对于 160：$x' = \dfrac{160 - 160}{180 - 160} = \dfrac{0}{20} = 0$

* ★ 对于 170：$x' = \dfrac{170 - 160}{180 - 160} = \dfrac{10}{20} = 0.5$

* ★ 对于 180：$x' = \dfrac{180 - 160}{180 - 160} = \dfrac{20}{20} = 1$

归一化后的身高数据为 [0, 0.5, 1]

2）计算体重的归一化

* ★ 原始数据：[55, 65, 75]

* ★ 最小值 $x_{\min}$：55

* ★ 最大值 $x_{\max}$：75

使用公式进行计算。

* ★ 对于 55：$x' = \dfrac{55 - 55}{75 - 55} = \dfrac{0}{20} = 0$

* ★ 对于 65：$x' = \dfrac{65 - 55}{75 - 55} = \dfrac{10}{20} = 0.5$

★ 对于 75：$x' = \dfrac{75-55}{75-55} = \dfrac{20}{20} = 1$

归一化后的体重数据为 [0, 0.5, 1]

归一化后的数据如表 5-2 所示。

表 5-2 归一化后的数据

学生	身高（归一化）	体重（归一化）
小明	0	0
小红	0.5	0.5
小刚	1	1

通过归一化处理，我们将原始数据的不同特征值缩放到了同一个范围内（[0,1]），从而使模型在训练过程中不会因为特征值差异过大而产生偏差。

小贴士：通过标准化和归一化，我们能够让数据变得更加整齐划一，提高数据的可比性和分析效果。这些数据转换技巧在各领域中都被广泛应用，为后续的建模和分析提供了坚实的基础。

清洗工具：流行的清洗技术与软件

经过前面的热身，相信你已经了解了数据清洗的重要性和基本方法。现在，是时候让你认识一些强大的数据清洗工具了。这些工具就像是健身的辅助器材，可以大大提高数据清洗的效率和效果。

pandas 库

pandas 是 Python 中最受欢迎的数据处理库之一，它提供了丰富的数据清洗

功能。通过 pandas 库，我们可以轻松进行数据的读取、处理和清洗。

pandas 库的特点如下。

> ★ 灵活性高：支持多种数据格式，如 CSV、Excel、SQL 数据库等。
>
> ★ 功能丰富：内置处理缺失值、重复数据、数据转换等多种功能。
>
> ★ 易于使用：语法简洁明了，非常适合数据科学家和数据分析师使用。

1）使用 pandas 库统计数据

假设有一个关于水果店销售记录的 CSV 文件，其中包含日期、水果名称、购买数量和单价列。CSV 文件的示例数据如表 5-3 所示。

表 5-3 水果店销售记录 CSV 文件

日期	水果名称	购买数量	单价
2024-06-01	苹果	30	3.50
2024-06-01	香蕉	50	2.00
2024-06-02	苹果	40	3.50
2024-06-02	橙子	20	4.00
2024-06-08	香蕉	60	2.00
2024-06-09	葡萄	25	5.50

下面是使用 pandas 库对上述数据进行处理的示例代码。

```python
import pandas as pd

# 加载数据
df = pd.read_csv('fruit_sales.csv')

# 确保日期列是 DataTime 类型
df['日期'] = pd.to_datetime(df['日期'])

# 计算每种水果一周的销量
```

```
weekly_sales = df.groupby('水果名称').resample('W', on='日期').sum()

# 找出周销量最高的水果
top_fruit = weekly_sales['购买数量'].idxmax()
```

数据处理流程如图 5-2 所示。

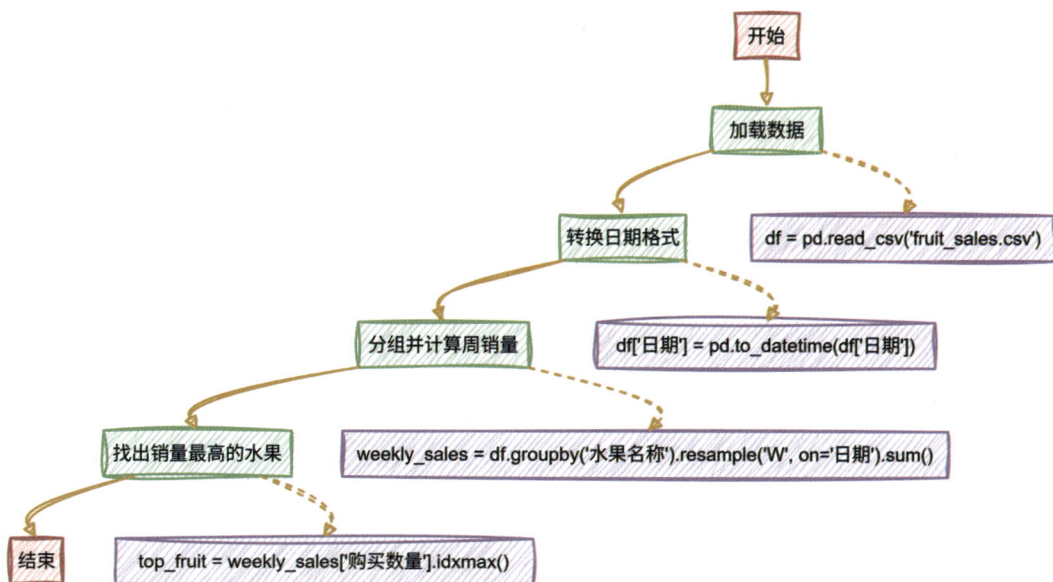

图 5-2

★ 开始：数据处理流程的起点。

★ 加载数据：使用 pandas 库的 read_csv 函数将 CSV 文件加载到 DataFrame 中。

★ 转换日期格式：确保日期列是 pandas 库中的 DateTime 类型，以便后续处理。

★ 分组并计算周销量：通过 groupby 函数对水果名称进行分组，随后使用 resample 函数按周进行重采样，并计算周销量。

★ 找出销量最高的水果：在得到的周销量中找出销量最高的水果。

★ 结束：得到结果，完成数据处理。

2）使用 pandas 库清洗数据

假设有一个关于学生成绩的 CSV 文件，其中包含一些脏数据，需要进行数据清洗。CSV 文件中的原始数据如下。

```
姓名，数学，英语，科学
张三，90, 85, 88
李四，78, , 82
王五，85, 80, 缺失
赵六，88, 78, 85
```

可以看到，数据集中存在一些缺失值，我们需要对这个数据集进行清洗。

我们使用 pandas 库来清洗这个数据集，清洗过程包括处理缺失值和转换数据类型，示例代码如下。

```python
import pandas as pd

# 读取 CSV 文件到 DataFrame
data = {
    "姓名": ["张三", "李四", "王五", "赵六"],
    "数学": [90, 78, 85, 88],
    "英语": [85, None, 80, 78],
    "科学": [88, 82, None, 85]
}
df = pd.DataFrame(data)

print("原始数据：")
print(df)

# 处理缺失值，使用平均值填充
df['英语'].fillna(df['英语'].mean(), inplace=True)
df['科学'].fillna(df['科学'].mean(), inplace=True)

print("\n清洗后的数据：")
print(df)
```

代码解析如下。

* 读取 CSV 文件到 DataFrame：首先，将 CSV 文件读取到一个 DataFrame 中。这里直接使用字典创建 DataFrame 来模拟读取 CSV 文件。

* 处理缺失值："英语"和"科学"列中存在缺失值，可以使用这两列的平均值来填充缺失值。

* 输出清洗后的数据：数据清洗完毕后，输出结果。

清洗后的数据（上述代码的输出结果）如下。

姓名	数学	英语	科学
张三	90	85.0	88.0
李四	78	81.0	82.0
王五	85	80.0	85.0
赵六	88	78.0	85.0

dplyr 包

dplyr 包是 R 语言中用于数据操作的利器，它提供了一套简单的语法，用于数据清洗和转换。dplyr 包适用于数据框操作，可以使数据清洗变得高效而优雅。

dplyr 包的特点如下。

* 简单直观：语法设计简洁，易于学习和使用。

* 高效：基于 C++ 实现，在处理大规模数据时性能优异。

* 功能全面：支持过滤、选择、排列、变换等常见数据操作。

OpenRefine

OpenRefine 是一款开源的数据清洗工具，它具有强大的交互界面，用户可使用它直观地进行数据清洗和转换。OpenRefine 适用于处理结构化数据，如表格数据和数据库导出数据。

OpenRefine 的特点如下。

★ 用户友好：提供图形化界面，操作简单、直观。

★ 强大功能：支持数据过滤、转换、分列、合并等多种操作。

★ 扩展性强：支持通过脚本进行高级操作，如 GREL（General Refine Expression Language）。

Trifacta

Trifacta 是一款专业的数据清洗和准备工具，提供了基于机器学习的智能建议，可以帮助用户高效进行数据清洗和转换。Trifacta 适用于企业级数据处理，支持大规模数据清洗任务。

Trifacta 的特点如下。

★ 智能建议：基于机器学习算法，提供数据清洗和转换的智能建议。

★ 可视化界面：提供交互式的可视化界面，便于数据操作。

★ 集成性强：支持与多种数据源和大数据平台集成，如 Hadoop、AWS 等。

小贴士： 无论是 pandas 库、dplyr 包等编程工具，还是 OpenRefine、Trifacta 等交互式软件，它们都为数据清洗提供了强有力的支持。这些工具各有特点，适用于不同的场景和需求。合理选择和使用这些工具，可以大大提高数据清洗的效率和效果，为后续的数据分析和建模打下坚实基础。

16 体能训练：深度挖掘

经过热身和初步的清洗，数据已经准备好接受更深入的训练了。就像健身要通过力量训练来锻炼肌肉一样，数据也需要进行深度挖掘，以揭示隐藏在数据表层下的宝贵知识和模式。

关联分析：发现数据之间的联系

关联分析是一种强大的数据挖掘技术，用于发现数据项之间的有趣关系。例如，在超市购物篮分析中，关联分析可以揭示哪些商品经常被一起购买。这种信息可以帮助销售员优化商品摆放的位置，提升销售额。

关联分析的常见方法如下。

* 支持度（Support）：表示某个项目集在所有交易中出现的频率。支持度越高，项目集越常见。

* 置信度（Confidence）：表示在包含某个项目集的交易中，另一个项目集同时出现的概率。置信度越高，关联性越强。

* 提升度（Lift）：用于衡量两个项目集之间的关联性。提升度大于 1 表示正相关，提升度小于 1 表示负相关。

【示例】顾客购物篮数据关联分析

假设你是"新鲜果蔬超市"的数据分析师，你想要分析顾客的购物篮数据，以找出哪些商品组合最受欢迎。你收集了一周内顾客的购物篮数据，记录了每个顾客购买的商品。以下是一些简化的购物篮数据的示例。

购物篮 1：牛奶，面包，鸡蛋

购物篮 2：牛奶，面包
购物篮 3：苹果，香蕉
购物篮 4：牛奶，鸡蛋
购物篮 5：面包，黄油
...（更多购物篮）

据统计，牛奶和面包的商品组合在这 1000 个购物篮中出现了 30 次，支持度 =(30÷1000)×100%=3%。

在 100 个显示购买牛奶的购物篮中，有 60 个同时购买了面包，置信度 =(60÷100)×100%=60%。

如果面包单独出现的概率是 10%，那么提升度 =（牛奶和面包一起出现的概率）÷（面包单独出现的概率）=(30÷1000)÷(100÷1000)=0.3÷0.1=3。

- ★ 支持度说明了牛奶和面包的组合在所有交易中出现的相对频率。

- ★ 置信度表明，如果一个顾客购买了牛奶，则他同时购买面包的可能性是 60%。

- ★ 提升度大于 1，表明牛奶和面包之间存在正相关关系，即它们一起被购买的概率比其他组合更大。

基于这些分析结果，超市可以采取以下策略。

- ★ 商品摆放：将牛奶和面包放在相邻的货架上，以增加顾客的购买便利性。

- ★ 促销活动：推出"同时购买牛奶和面包可享受折扣"的促销活动。

- ★ 库存管理：确保牛奶和面包的库存量，因为它们经常一起被购买。

顾客购物篮数据的分析流程如图 5-3 所示。

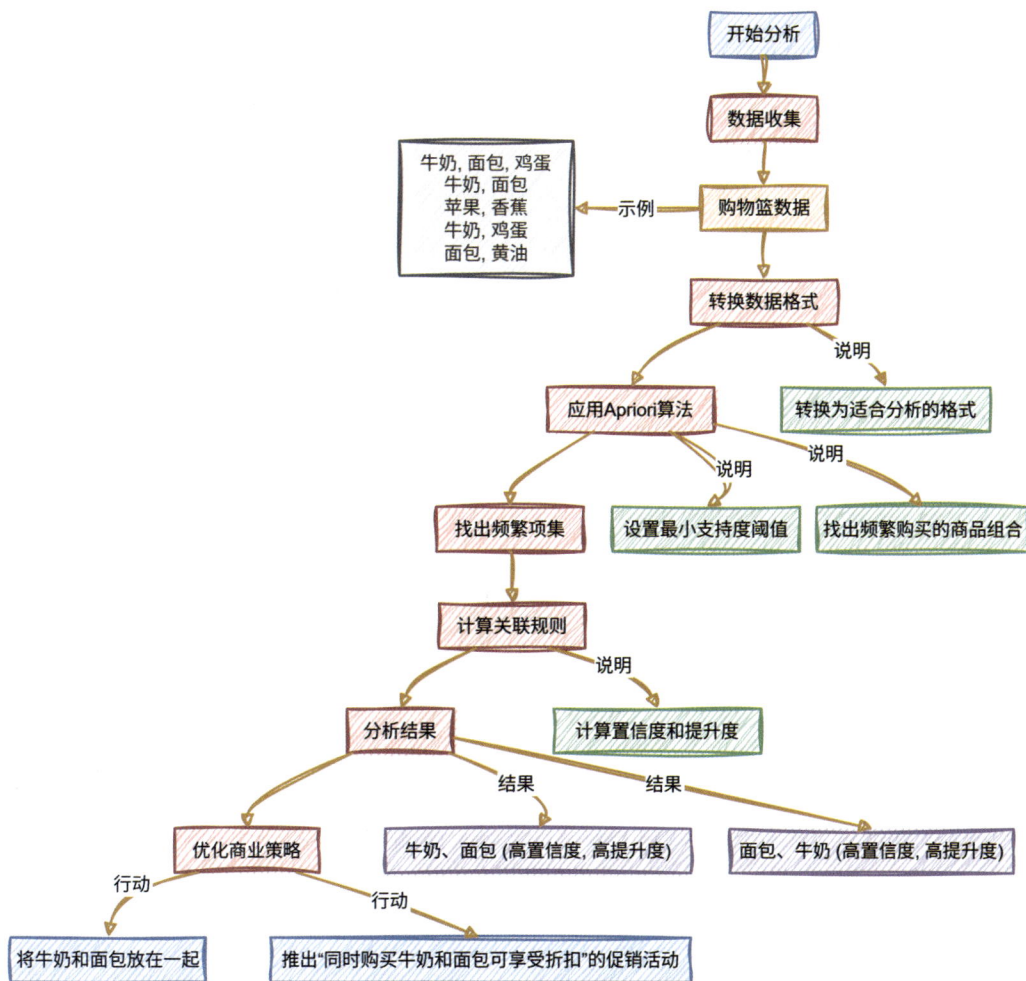

图 5-3

下面是使用 Python 代码进行关联分析的示例代码。

```python
import pandas as pd
from mlxtend.preprocessing import TransactionEncoder
from mlxtend.frequent_patterns import apriori, association_rules

# 部分购物篮数据
basket_data = [
```

```
    ['牛奶', '面包', '鸡蛋'],
    ['牛奶', '面包'],
    ['苹果', '香蕉'],
    ['牛奶', '鸡蛋'],
    ['面包', '黄油'],
    # 添加更多购物篮数据
]

# 将列表转换为 DataFrame
df = pd.DataFrame(basket_data, columns=['购物篮'])

# 使用 TransactionEncoder 函数转换数据
te = TransactionEncoder()
te_ary = te.fit(df['购物篮']).transform(df['购物篮'])
df_encoded = pd.DataFrame(te_ary, columns=te.columns_)

# 应用 Apriori 算法找出频繁项集
frequent_itemsets = apriori(df_encoded, min_support=0.03, use_
colnames=True)

# 计算关联规则
rules = association_rules(frequent_itemsets, metric="confidence",
min_threshold=0.5)

# 输出结果
print("频繁项集:")
print(frequent_itemsets)
print("\n关联规则:")
print(rules[['antecedents', 'consequents', 'support', 'confidence',
'lift']])
```

聚类分析：发现数据中的自然分组

聚类分析是一种无监督学习方法，用于将相似的数据项分组。通过聚类分析，

我们可以发现数据中的自然分组或模式。例如，在客户分群中，我们可以将客户根据购买行为分为不同的群体，有针对性地进行营销。

聚类分析的常见方法如下。

> ★ K-means 聚类：将数据分为 K 个簇，使得每个簇中的数据项之间的相似性最大化，簇间相似性最小化。
>
> ★ 层次聚类：通过构建层次树来将数据逐步聚类，可以使用自下而上（凝聚层次聚类）或自上而下（分裂层次聚类）的形式。

示例：客户群体聚类分析

假设有一家在线零售公司想要更好地了解客户的购买行为，从而制定更精准的营销策略。此时，我们可以使用聚类分析将客户分成不同的群体，帮助公司了解哪些客户是高价值客户，哪些客户是普通客户，哪些客户是低价值客户。

我们可以从公司的数据库中提取客户的购买数据，其中包括以下信息。

> ★ 客户 ID：唯一标识客户。
>
> ★ 购买次数：客户在一段时间内的购买次数。
>
> ★ 购买金额：客户在一段时间内的购买金额。
>
> ★ 最后购买时间：客户最近一次购买商品的时间。

这些数据可以帮助我们了解客户的购买习惯和行为。

使用 K-means 聚类算法将客户分为高价值客户、普通客户和低价值客户三个群体，操作步骤如下。

（1）选择 K 值。选择 K=3，将客户分为三个群体。

（2）初始化簇中心。算法将随机选择三个初始簇中心。

（3）分配数据点。将每个客户分配到最近的簇中心上。

（4）更新簇中心。计算每个簇的平均值，并将簇中心更新为新的平均值。

（5）重复步骤（3）和步骤（4）。直到簇中心不再变化或达到最大迭代次数。

下面是使用 Python 进行聚类分析的示例代码。

```python
import pandas as pd
from sklearn.cluster import KMeans

# 创建数据框
data = {
    '客户ID': [1, 2, 3, 4, 5],
    '购买次数': [10, 15, 8, 12, 20],
    '购买金额': [200, 300, 150, 250, 400],
    '最后购买时间': [30, 45, 20, 35, 50]
}
df = pd.DataFrame(data)

# 选择特征列
features = df[['购买次数', '购买金额', '最后购买时间']]

# 初始化 K-means 算法
kmeans = KMeans(n_clusters=3)
kmeans.fit(features)

# 获取簇标签
df['簇标签'] = kmeans.labels_

print(df)
```

运行上述代码，得到以下簇标签信息。

客户ID	购买次数	购买金额	最后购买时间	簇标签
1	10	200	30	1
2	15	300	45	0

3	8	150	20	1
4	12	250	35	1
5	20	400	50	2

根据簇标签，我们将客户分为了以下三个群体。

* 高价值客户（簇2）：客户 ID 为 5。购买次数最多，购买金额最大，最
  后购买时间为 50 天前。

* 普通客户（簇0）：客户 ID 为 2。购买次数和购买金额较多。最后购买
  时间为 45 天前。

* 低价值客户（簇1）：客户 ID 1、3、4。购买次数和购买金额均为中等
  或较少。

通过以上分类，公司可以针对不同群体制定不同的营销策略。

* 高价值客户：提供 VIP 服务和专属优惠，增加客户忠诚度。

* 普通客户：进行常规促销，提高客户的购买频率和金额。

* 低价值客户：尝试通过特别促销活动和激励措施来吸引客户进行更多消费。

频繁模式挖掘：发现常见模式

频繁模式挖掘用于发现数据中经常出现的模式或子集。例如，在文本分析中，
我们可以发现高频词汇，从而了解文本的主题或重点。

频繁模式挖掘的常见方法如下。

* Apriori 算法：通过迭代生成频繁项目集，逐步扩大项目集的大小。

* FP-Growth 算法：使用频繁模式树（FP-tree）高效挖掘频繁模式，可以
  避免 Apriori 算法的频繁候选集的生成过程。

通过频繁模式挖掘，我们可以发现"数据"、"分析"、"模式"和"挖掘"

是文本中的高频词，从而了解文本的核心内容。

【示例】找出文章中的高频词

假设有一篇关于数据科学的文章，我们希望通过频繁模式挖掘找出文章中的高频词，从而了解文章的核心内容，具体步骤如下。

准备数据

文章内容如下。

数据科学是一个跨学科领域，涉及从数据中提取知识和见解的过程。它结合了统计学、计算机科学和领域知识，旨在分析和解释复杂的数据模式。数据科学的目标是通过数据挖掘、机器学习和数据分析等技术，发现隐藏在数据中的模式，并将这些模式转化为有用的信息。

数据预处理

要想进行高频词分析，我们需要先对文本数据进行预处理，包括分词、去除停用词和标点符号。

```python
import re
import jieba
from collections import Counter

# 原始文本
text = """
数据科学是一个跨学科领域，涉及从数据中提取知识和见解的过程。它结合了统计学、
计算机科学和领域知识，旨在分析和解释复杂的数据模式。数据科学的目标是通过数据挖掘、
机器学习和数据分析等技术，发现隐藏在数据中的模式，并将这些模式转化为有用的信息。
"""

# 分词
```

```
words = jieba.lcut(text)

# 去除停用词和标点符号
stop_words = set(["是", "一个", "从", "和", "的", "了", "在",
"等", "并", "将"])
words = [word for word in words if word not in stop_words and
re.match(r'\w', word)]

print("分词结果: ", words)
```

计算高频词

接下来，进行词频统计，找出其中的高频词。

```
# 统计词频
word_counts = Counter(words)

# 找出高频词
high_freq_words = word_counts.most_common(5)

print("高频词: ", high_freq_words)
```

统计结果如下。

高频词: [('数据', 7), ('模式', 3), ('科学', 3), ('分析', 2), ('知识', 2)]

通过上述步骤，我们得到了文本中的高频词。

* 数据出现 7 次。

* 模式出现 3 次。

* 科学出现 3 次。

* 分析出现 2 次。

* 知识出现 2 次。

这些高频词帮助我们了解了文章的核心内容：数据科学、数据分析、数据模式和知识提取。

小贴士： 通过以上详细的文本高频词分析的示例，我们了解了如何使用频繁模式挖掘找出文本中的高频词。频繁模式挖掘不仅能帮助我们快速理解文章的主题，还能在各种应用场景中提供有价值的信息，如情感分析、关键词提取和主题建模。

分类分析：将数据分为不同的类别

分类分析主要包括决策树和随机森林。

决策树（Decision Tree）：通过树状结构进行决策和分类

决策树是一种直观且易于理解的机器学习算法，它通过树状结构来对数据进行分类和决策。决策树的核心思想是将复杂的决策过程逐步分解为一系列简单的条件判断，直至达到分类或预测的目标。

决策树是一种用于帮助决定的模型，它就像我们平常做选择时的思考过程，通过解决一个个问题来得到最终答案。

想象一下，你在决定今天要不要出去玩时，可能会问自己几个问题，比如"天气好不好？"、"今天有作业吗？"和"朋友们有空吗？"等。根据这些问题的答案，你将一步步做出选择。这就是决策树的工作方式。

1）从一个问题开始

决策树会从一个问题开始，这个问题可以帮助你把所有可能的选择分成两大类。比如，第一个问题可能是："今天下雨吗？"如果答案是"是"，那么你可

能就不出去了；如果答案是"不是"，那么你可能会继续考虑其他因素。

2）分裂成小问题

接下来，决策树会根据第一个问题的答案，继续问第二个问题。比如，如果今天不下雨，那么接下来的问题可能是："今天有作业吗？"根据这个问题的答案，分裂出更多的选择。

3）不断提问，直到得到答案

决策树会不断提问，直到每个路径都能得到一个明确的答案。比如，如果"没有作业"而且"朋友们都有空"，那么你可能选择出去玩。如果"有作业"，那么你可能选择待在家里完成作业。

4）最终决定

当所有问题都问完了，决策树会得到一个最终答案，也就是要不要出去玩。

例如，我们用决策树来决定今天是否吃冰激凌。

★　第一个问题："今天热吗？"

　☆　如果答案是"是"，那么接下来问："冰激凌店开门吗？"

　　♂　如果答案是"开门"，那么今天吃冰激凌。

　　♂　如果答案是"不开门"，那么今天不吃冰激凌。

　☆　如果答案是"不是"，那么直接回答"不吃冰激凌"。

通过这样的方式，决策树一步步做出决定，就像你在生活中做选择一样。这种模型不仅简单，还能帮你快速找到答案。

随机森林：多棵决策树组成的模型

随机森林是一种基于决策树的集成学习算法，通过结合多个决策树的预测结

果来提高模型的准确性和稳定性。随机森林的核心思想是"集体智慧"，即通过多棵决策树共同决策来减少单棵决策树的过拟合问题。

随机森林的执行过程就像团队中做决定的过程，团队中有很多成员，每个人都会给出自己的意见，最后大家投票决定结果。这样可以避免依赖一个人的意见，结果通常会更加准确。

1）多棵决策树配合工作

随机森林其实是由很多棵决策树组成的，我们可以把它想象成一片"森林"。每一棵"树"都会根据一部分信息做出判断，就像团队中的每个人都会根据自己所了解的信息提出意见一样。

2）每棵决策树都不一样

每棵决策树都是不一样的，因为它们每次都只会用一部分数据来做决定。这就好像每个队员在开会时，都了解一些事情，但每个人了解的部分不太一样。这种方式叫作"随机性"，它让每棵树的判断不完全相同，能避免一个错误影响所有决策树的问题。

3）投票决定最终答案

当所有树都做出决定后，随机森林会让每棵树"投票"，看看大多数树支持哪一个结果。例如，如果在森林中有 10 棵树，其中 7 棵树的决定是"是"，另外 3 棵树的决定是"不是"，那么随机森林会根据大多数的意见，选择"是"为最终答案。

假设要决定今天吃比萨还是汉堡。

> ★ 第一棵树说："今天热，我选比萨。"
>
> ★ 第二棵树说："朋友更喜欢汉堡，我选汉堡。"
>
> ★ 第三棵树说："比萨店离家更近，我选比萨。"

★ 直至所有的树都做出决定。

最后，森林里有 5 棵树选择了比萨，3 棵树选择了汉堡。因为大多数树选择了比萨，所以最终会选择比萨。

【示例】使用决策树模型预测客户流失

假设你是一家电信公司的数据科学家，想要预测哪些客户可能会流失。我们可以客户的消费行为、满意度等为特征，通过决策树模型进行分类。

数据准备

我们从公司数据库中提取了以下客户数据，这些数据用于训练决策树模型。每行数据代表一个客户的记录，其中包括以下特征。

客户 ID	通话时长	月账单金额	客户满意度	是否流失
1	300	100	3	否
2	150	80	2	是
3	200	90	4	否
4	350	110	5	否
5	120	70	1	是

选择最优特征

我们需要选择一个特征来将数据集分裂成两个子集。通常，我们选择能够在最大程度上区分流失和未流失客户的特征。常用的衡量标准包括信息增益、基尼指数等。

此处我们选择通话时长作为第一个分裂特征。

递归构建子树

一旦选择了最优特征，我们就可以根据这个特征将数据集分裂成两个子集。

之后，我们对每个子集重复这个过程，选择最优特征，继续分裂，直至满足停止条件。

此处我们根据通话时长将数据集分为两部分：通话时长小于等于 200 分钟和通话时长大于 200 分钟。

满足停止条件

停止条件可以是子集中的数据都属于同一类别，或者没有更多特征可用于分裂，或者达到预设的树深度。具体如图 5-4 所示。

> ★ 对于通话时长小于等于 200 分钟的子集，选择月账单金额作为下一个分裂特征。
>
> ★ 对于通话时长大于 200 分钟的子集，选择客户满意度作为下一个分裂特征。

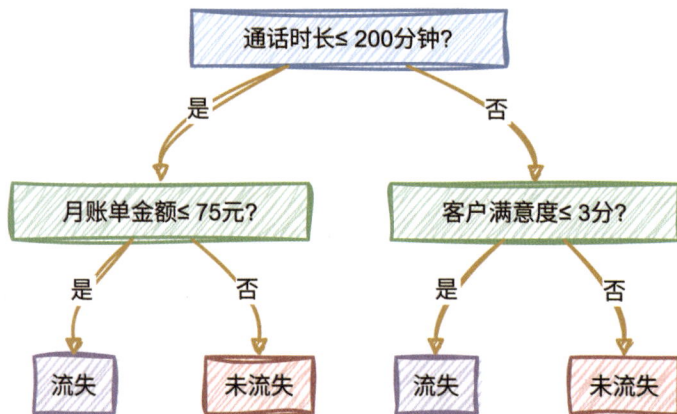

图 5-4

下面是使用决策树模型预测客户是否会流失的 Python 示例代码，其中使用 sklearn 库来实现这一过程。

```
import pandas as pd
from sklearn.model_selection import train_test_split
```

```
from sklearn.tree import DecisionTreeClassifier
from sklearn.metrics import accuracy_score, confusion_matrix,
classification_report

# 创建数据框，存储历史数据
data = {
    '客户ID': [1, 2, 3, 4, 5],
    '通话时长': [300, 150, 200, 350, 120],
    '月账单金额': [100, 80, 90, 110, 70],
    '客户满意度': [3, 2, 4, 5, 1],
    '是否流失': ['否', '是', '否', '否', '是']
}
df = pd.DataFrame(data)

# 将目标变量转换为二进制编码
df['是否流失'] = df['是否流失'].map({'否': 0, '是': 1})

# 选择特征和目标变量
X = df[['通话时长', '月账单金额', '客户满意度']]
y = df['是否流失']

# 分割数据为训练集和测试集
X_train, X_test, y_train, y_test = train_test_split(X, y, test_
size=0.2, random_state=42)

# 初始化决策树分类器
dt = DecisionTreeClassifier(random_state=42)

# 训练模型
dt.fit(X_train, y_train)

# 预测
y_pred = dt.predict(X_test)
```

```
# 评估模型
accuracy = accuracy_score(y_test, y_pred)
conf_matrix = confusion_matrix(y_test, y_pred)
class_report = classification_report(y_test, y_pred)

print(f' 准确率：{accuracy}')
print(' 混淆矩阵：')
print(conf_matrix)
print(' 分类报告：')
print(class_report)

# 预测新客户的流失情况
new_customer = pd.DataFrame({'通话时长': [180], '月账单金额': [85],
'客户满意度': [3]})
new_prediction = dt.predict(new_customer)
print(f' 新客户的流失预测结果：{" 流失 " if new_prediction[0] == 1
else " 不流失 "}')
```

运行上述代码，输出以下内容。

客户的流失预测结果：不流失

小贴士：通过这个详细的决策树示例，我们了解了如何使用决策树模型预测客户是否会流失，并且能够更好地理解客户流失的原因，同时采取相应的措施来改善客户满意度和留存率。

【示例】使用随机森林模型预测客户贷款违约

假设你是一家银行的数据科学家，想要预测哪些客户可能会贷款违约。我们

可以客户的信用评分、收入等作为特征，通过随机森林模型进行预测。

数据准备

在实际情况下，银行会有一部分客户的历史数据，其中包括是否违约的信息，这些数据可以用来训练模型。训练好的模型可以预测新客户是否会违约。银行的历史数据如下。

客户 ID	信用评分	收入（万元）	是否违约
1	700	10	否
2	650	15	是
3	600	8	是
4	720	12	否
5	680	11	否

随机选择样本

随机森林模型会从上述历史数据中随机抽取多个子样本集。每个子样本集可以包含重复的数据。例如：

子样本集 1：

客户 ID	信用评分	收入（万元）
1	700	10
2	650	15
3	600	8
1	700	10
5	680	11

子样本集 2：

客户 ID	信用评分	收入（万元）
4	720	12
2	650	15
3	600	8
5	680	11
4	720	12

随机选择特征

在构建决策树的节点时，随机选择部分特征进行分裂。例如，在第一棵树的一个节点上，可以选择"信用评分"和"收入"两个特征进行分裂，而在第二棵树的另一个节点上，可以只选择"收入"特征。

构建多棵决策树

根据随机选择的样本和特征，构建多棵决策树。假设我们构建了三棵决策树，如图 5-5 所示。

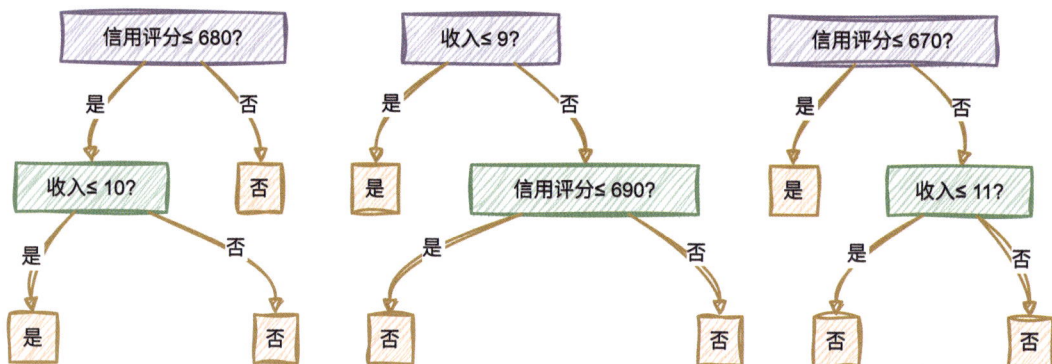

图 5-5

综合各树的预测结果

假设有一个新客户，信用评分为 660，收入为 12 万元。下面，我们用这三个模型进行预测。

> ★ 决策树 1：660 ≤ 680（是），12 ≤ 10（否），预测结果为否。
>
> ★ 决策树 2：12 ≤ 9（否），660 ≤ 690（是），预测结果为否。
>
> ★ 决策树 3：660 ≤ 670（是），预测结果为是。

三棵决策树中有两个预测结果为"否"，一个预测结果为"是"。通过多数

投票法，最终综合结果为"否"，即不违约。

下面是演示如何使用随机森林模型来预测贷款违约的完整 Python 示例代码，其中使用 sklearn 库来实现这个过程。

```python
import pandas as pd
from sklearn.model_selection import train_test_split
from sklearn.ensemble import RandomForestClassifier
from sklearn.metrics import accuracy_score, confusion_matrix,
classification_report

# 创建数据框，存储历史数据
data = {
    '客户ID': [1, 2, 3, 4, 5],
    '信用评分': [700, 650, 600, 720, 680],
    '收入（万元）': [10, 15, 8, 12, 11],
    '是否违约': ['否', '是', '是', '否', '否']
}
df = pd.DataFrame(data)

# 将目标变量转换为二进制编码
df['是否违约'] = df['是否违约'].map({'否': 0, '是': 1})

# 选择特征和目标变量
X = df[['信用评分', '收入（万元）']]
y = df['是否违约']

# 分割数据为训练集和测试集
X_train, X_test, y_train, y_test = train_test_split(X, y, test_size=0.2, random_state=42)

# 初始化随机森林分类器
rf = RandomForestClassifier(n_estimators=100, random_state=42)
```

```
# 训练模型
rf.fit(X_train, y_train)

# 预测
y_pred = rf.predict(X_test)

# 评估模型
accuracy = accuracy_score(y_test, y_pred)
conf_matrix = confusion_matrix(y_test, y_pred)
class_report = classification_report(y_test, y_pred)

print(f'准确率：{accuracy}')
print('混淆矩阵：')
print(conf_matrix)
print('分类报告：')
print(class_report)

# 预测新客户的违约情况
new_customer = pd.DataFrame({'信用评分': [660], '收入（万元）': [12]})
new_prediction = rf.predict(new_customer)
print(f'新客户的违约预测结果：{"违约" if new_prediction[0] == 1 else "不违约"}')
```

运行上述代码，输出以下内容。

新客户的违约预测结果：不违约

通过这个示例，我们了解了随机森林的工作原理和实现步骤。随机森林通过构建多棵决策树并综合各决策树的预测结果来提高模型的准确性和稳定性。

挖掘技术：常用的数据分析技术与流程

好了，伙伴们，经过数据清洗及初步的统计与算法分析，我们的数据已经变

得干净、整洁，开始显现出一些有趣的模式和关联。但要深入挖掘数据中的"肌肉"，我们还需要掌握一些常用的数据分析技术与流程。就像在健身房中，不同的训练动作和流程能够帮助我们锻炼不同的肌肉群一样，数据分析也有一套系统的方法和流程，能够帮助我们更高效地挖掘有价值的信息。

数据分析的基本流程

数据分析通常遵循以下基本流程。

（1）数据收集（Data Collection）：收集所需的原始数据。

（2）数据清洗（Data Cleaning）：处理缺失值、重复数据、异常值等。

（3）数据探索（Data Exploration）：初步分析数据，发现潜在的模式和问题。

（4）数据建模（Data Modeling）：使用统计和机器学习模型进行数据分析。

（5）模型评估（Model Evaluation）：评估模型的性能，选择最佳模型。

（6）结果解释与报告（Interpretation and Reporting）：解释分析结果，生成报告和可视化图表。

常用的数据分析技术

1）数据可视化

数据可视化（Data Visualization）是数据分析中非常重要的一环，通过图表和图形，我们可以直观地理解数据的分布、趋势和模式。常用的可视化工具包括 Matplotlib、Seaborn、Tableau 等。

2）特征工程

特征工程（Feature Engineering）是从原始数据中提取有效特征的过程，它可以显著提高模型的性能。常见的特征工程方法包括特征选择、特征提取和特征构造。

3）模型选择与调优

模型选择与调优（Model Selection and Tuning）是数据建模的重要步骤，通过选择合适的模型和调优参数，可以提高模型的预测性能。常用的方法包括交叉验证、网格搜索和随机搜索。

4）模型评估与验证

模型评估与验证（Model Evaluation and Validation）是确保模型在新数据上表现良好的关键步骤。常用的评估指标包括准确率、精确率、召回率和 F1 分数等。

【示例】使用 Matplotlib 进行数据可视化

Matplotlib 是一个强大的数据可视化库，可以创建各种类型的图表。接下来使用 Matplotlib 对数据进行可视化。

导入库

首先导入所需库。pandas 库用于数据处理，Matplotlib 库用于绘图。

```
import pandas as pd
import matplotlib.pyplot as plt
```

代码含义如下。

* import pandas as pd：导入 pandas 库并简写为 pd。

* import matplotlib.pyplot as plt：导入 Matplotlib 库中的 pyplot 模块并简写为 plt。

创建数据框

使用 pandas 库创建一个包含学生姓名和数学成绩的数据框。

```
# 创建数据框
```

```
data = {
    '学生姓名': ['张三', '李四', '王五', '赵六', '孙七'],
    '数学成绩': [85, 90, 78, 92, 88]
}

# 将字典转换为 pandas 数据框
df = pd.DataFrame(data)
```

设置图表大小

使用 Matplotlib 库中的 figure 函数设置图表大小。

```
# 设置图表大小为 10 英寸 × 6 英寸
plt.figure(figsize=(10, 6))
```

创建柱状图

使用 Matplotlib 库中的 bar 函数创建柱状图，展示学生的数学成绩。

```
# 创建柱状图。X 轴为学生姓名，Y 轴为数学成绩，颜色为浅蓝色
bars = plt.bar(df['学生姓名'], df['数学成绩'], color='skyblue')
```

添加标题和标签

使用 Matplotlib 库中的 title、xlabel 和 ylabel 函数添加图表标题和轴标签。

```
# 添加图表标题和轴标签
plt.title('学生数学成绩')  # 设置图表标题为 "学生数学成绩"
plt.xlabel('学生姓名')  # 设置 X 轴标签为 "学生姓名"
plt.ylabel('数学成绩')  # 设置 Y 轴标签为 "数学成绩"
```

在每个柱状条上显示数值

为了使图表更具可读性，可以在每个柱状条上显示数值。

```
# 在每个柱状条上显示数值
```

```
for bar in bars:
    yval = bar.get_height()
    plt.text(bar.get_x() + bar.get_width()/2 - 0.1, yval + 1, yval,
ha='center', va='bottom')
```

代码含义如下。

* 循环遍历每个柱状条，获取其高度。

* 使用 plt.text 函数在每个柱状条上显示数值。

* bar.get_x() + bar.get_width()/2 − 0.1：设置文本的 X 轴位置。

* yval + 1：设置文本的 Y 轴位置。

* ha='center' 和 va='bottom'：分别设置水平和垂直对齐方式。

添加网格线

使用 Matplotlib 库中的 grid 函数添加网格线，增强图表的可读性。

```
# 添加 Y 轴方向的网格线，设置网格线为虚线，透明度为 0.7
plt.grid(axis='y', linestyle='--', alpha=0.7)
```

显示图表

使用 Matplotlib 库中的 show 函数显示图表。

```
# 显示图表
plt.show()
```

将上述步骤合并，形成完整的 Python 示例代码。

```
import pandas as pd
import matplotlib.pyplot as plt

# 创建数据框
data = {
```

```
        '学生姓名': ['张三', '李四', '王五', '赵六', '孙七'],
        '数学成绩': [85, 90, 78, 92, 88]
}
df = pd.DataFrame(data)

# 设置图表大小
plt.figure(figsize=(10, 6))

# 创建柱状图
bars = plt.bar(df['学生姓名'], df['数学成绩'], color='skyblue')

# 添加图表标题和轴标签
plt.title('学生数学成绩')
plt.xlabel('学生姓名')
plt.ylabel('数学成绩')

# 在每个柱状条上显示数值
for bar in bars:
    yval = bar.get_height()
    plt.text(bar.get_x() + bar.get_width()/2 - 0.1, yval + 1, yval,
ha='center', va='bottom')

# 添加网格线
plt.grid(axis='y', linestyle='--', alpha=0.7)

# 显示图表
plt.show()
```

运行上述代码，输出可视化柱状图，如图 5-6 所示。

小贴士: 通过数据可视化、特征工程、模型选择与调优、模型评估与验证等技术，我们可以系统地进行数据分析与挖掘，发现数据中的深层次信息。这些技术和流程不仅可以帮助我们更好地理解数据，还可以为决策提供科学依据。

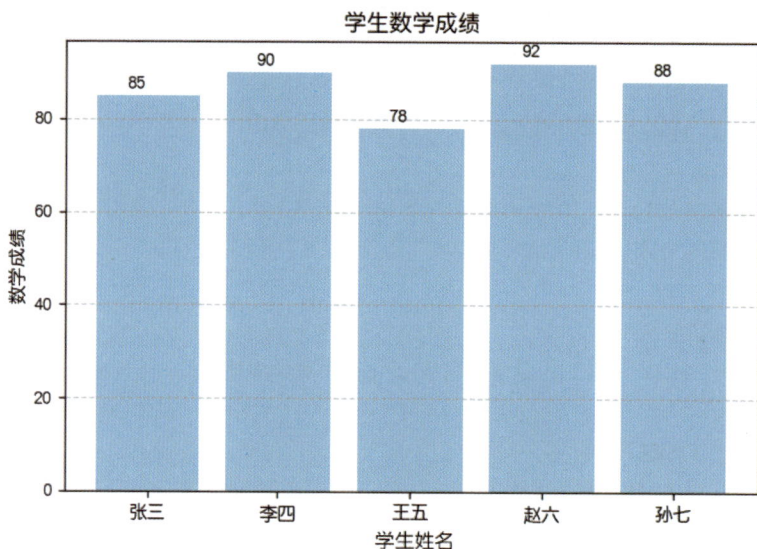

图 5-6

17　心肺锻炼：解读"心跳"数据

好了，伙伴们，经过一系列的体能训练，我们的数据已经变得"强壮"而"有力"。但要成为真正的"健身高手"，还需要进行"心肺锻炼"。就像跑步和游泳能提升你的心肺功能，让你更加健康一样，解读"心跳"数据——也就是时序数据——可以帮助我们更好地理解和预测动态变化。

【示例】使用 Python 绘制时间序列图

在我们深入了解数据的"心肺锻炼"之前，让我来告诉你一个秘密：每一组数据都有它自己的故事，就像每一次心跳都记录着你的健康状况。通过解读这些数据的故事，我们可以洞察隐藏在数据中的趋势，揭示过去的轨迹和未来的走向。

首先，我们需要了解数据的历史，看看它们从哪里来，又去向何方。就像翻看一本相册，可以回顾你过去的点滴，数据的历史可以帮助我们理解当前的状态和趋势。

想象一下，此时我们在研究某个公司的股票价格。通过绘制股票价格的时间序列图，我们可以看到价格的波动和变化趋势。

下面是绘制股票价格波动时间序列图的 Python 示例代码。

```python
import pandas as pd
import matplotlib.pyplot as plt
from matplotlib import font_manager

# 设置全局字体（中文字体）
plt.rcParams['font.sans-serif']=['QingYuan']


# 创建股票价格数据框
data = {
    '日期': ['2024-01-01', '2024-01-02', '2024-01-03', '2024-01-04',
'2024-01-05'],
    '收盘价': [150, 153, 152, 155, 157]
}
df = pd.DataFrame(data)

# 将日期转换为日期类型
df['日期'] = pd.to_datetime(df['日期'])

# 设置图表大小
plt.figure(figsize=(10, 6))

# 设置日期格式
plt.gca().xaxis.set_major_formatter(plt.matplotlib.dates.Date-
Formatter('%Y-%m-%d'))
```

```
plt.gca().xaxis.set_major_locator(plt.matplotlib.dates.DayLocator())

# 绘制时间序列图
plt.plot(df['日期'], df['收盘价'], marker='o', linestyle='-',
color='b')

# 添加图表标题和轴标签
plt.title('股票价格波动时间序列图')
plt.xlabel('日期')
plt.ylabel('收盘价')

# 旋转日期标签
plt.xticks(rotation=45)

# 显示图表
plt.grid()
plt.show()
```

运行上述代码，输出可视化折线图，如图 5-7 所示。

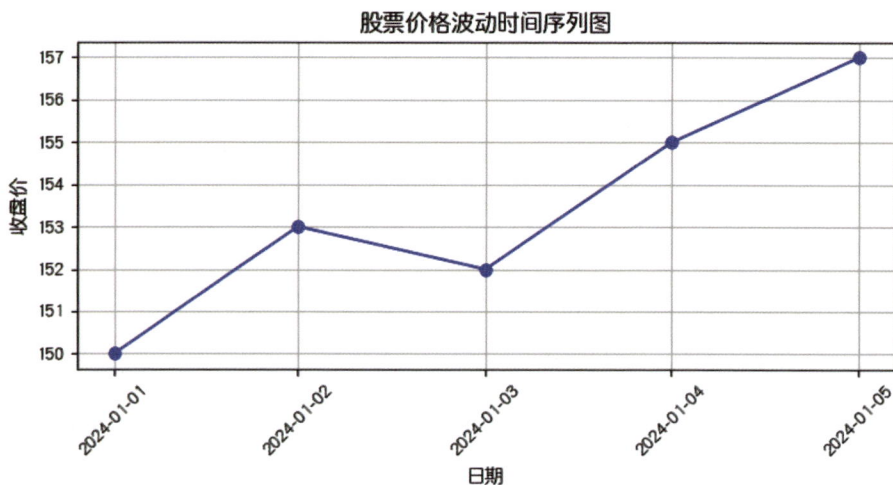

图 5-7

在这个简单的可视化折线图中，我们可以看到股票价格的波动。通过观察这些波动，我们可以发现一些有趣的事情，比如，价格在某些时间段内的涨跌幅度。

【示例】使用移动平均方法统计数据的长期趋势

除了观察历史轨迹，我们还可以通过一些技术手段来揭示数据中隐藏的模式。就像侦探通过线索寻找真相一样，我们可以利用统计方法和机器学习算法，从数据中提取有价值的信息。

移动平均（Moving Average，简称 MA）是一种统计分析方法，通过计算一系列数据点的平均值来平滑数据的波动。它可以帮助我们更清晰地看到数据的长期变化趋势，而不被短期的剧烈变化所干扰。

假设有一组股票价格数据：[100，105，102，110，108，115]。为了计算 3 天的移动平均，我们需要对每 3 个连续的价格进行移动平均计算。

（1）第一天的移动平均：平均 (100,105,102)=(100+105+102)÷3=102.33

（2）第二天的移动平均：平均 (105,102,110)=(105+102+110)÷3=105.67

（3）第三天的移动平均：平均 (102,110,108)=(102+110+108)÷3=106.67

（4）第四天的移动平均：平均 (110,108,115)=(110+108+115)÷3=111

下面是绘制股票价格和移动平均图表的 Python 示例代码。

```python
import pandas as pd
import matplotlib.pyplot as plt
from matplotlib import font_manager

# 设置全局字体（中文字体）
plt.rcParams['font.sans-serif']=['QingYuan']

# 创建股票价格数据
```

```python
data = {
    '日期': ['2023-01-01', '2023-01-02', '2023-01-03', '2023-01-04', '2023-01-05', '2023-01-06'],
    '收盘价': [100, 105, 102, 110, 108, 115]
}
df = pd.DataFrame(data)

# 将日期转换为日期类型
df['日期'] = pd.to_datetime(df['日期'])

# 计算3天的移动平均
df['移动平均'] = df['收盘价'].rolling(window=3).mean()

# 设置图表大小
plt.figure(figsize=(10, 6))

# 绘制股票价格
plt.plot(df['日期'], df['收盘价'], marker='o', linestyle='-', color='b', label='收盘价')

# 绘制移动平均
plt.plot(df['日期'], df['移动平均'], marker='x', linestyle='-', color='r', label='3天移动平均')

# 添加图表标题和轴标签
plt.title('股票价格和3天移动平均')
plt.xlabel('日期')
plt.ylabel('价格')

# 旋转日期标签
plt.xticks(rotation=45)

# 添加图例
```

```
plt.legend()

# 添加网格线
plt.grid()

# 显示图表
plt.show()
```

运行上述代码，输出可视化折线图，如图 5-8 所示。

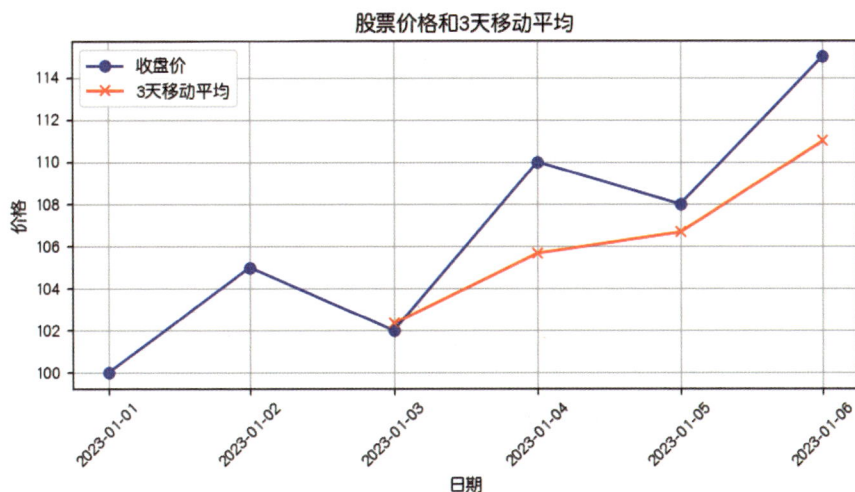

图 5-8

在这个示例中，上方的折线代表每日的股票价格，下方的折线代表 3 天的移动平均。通过对比两条折线，我们可以看到，3 天移动平均线更加平滑，消除了短期波动，凸显了价格的长期变化趋势。

小贴士：通过添加 3 天移动平均线，我们可以更清晰地看到股票价格的长期变化趋势。这种方法不仅适用于金融数据，也适用于其他类型的时序数据，如气温变化、销售数据等。

【示例】使用 ARIMA 模型预测未来销售额

数据不仅可以体现过去和现在，还可以帮助我们预测未来。通过分析历史数据，我们可以构建预测模型，预测未来的趋势和变化。

ARIMA（AutoRegressive Integrated Moving Average，自回归积分滑动平均）模型是一种常用的时序数据预测方法。它结合了自回归（AR）和移动平均（MA）的思想，能够对时序数据进行建模和预测，如图 5-9 所示。

★ 自回归（AR）：通过过去的值来预测未来的值。

★ 积分（I）：通过对数据进行差分处理来使数据变得平稳。

★ 移动平均（MA）：通过过去的预测误差来调整未来的预测值。

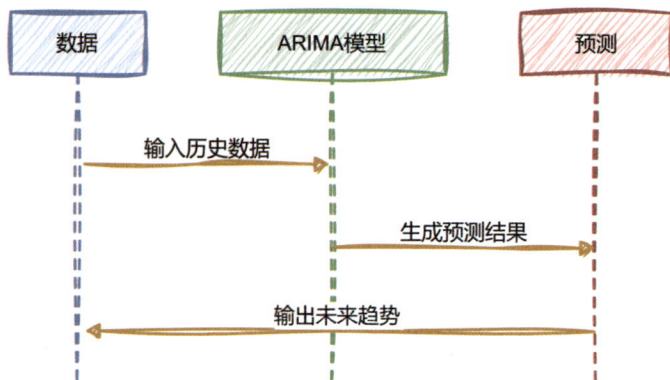

图 5-9

假设有 2022 年和 2023 年的销售额数据，现需要预测 2024 年前 6 个月的销售额。Python 示例代码如下。

```
import pandas as pd
import matplotlib.pyplot as plt
from matplotlib import font_manager
```

```
from statsmodels.tsa.arima.model import ARIMA

# 设置全局字体（中文字体）
plt.rcParams['font.sans-serif']=['QingYuan']

# 已知的 2022 年和 2023 年的销售额数据
data = {
    'date': pd.date_range(start='2022-01-01', periods=24, freq='M'),
    'sales': [120, 130, 140, 150, 135, 145, 160, 170, 155, 140,
165, 180,    175, 160, 185, 195, 200, 180, 170, 190, 200, 210, 205, 195]
}
df = pd.DataFrame(data)
df.set_index('date', inplace=True)

# 拟合 ARIMA 模型
# 假设使用的是 ARIMA(5, 1, 0) 模型，请注意，参数需根据实际情况调整
model = ARIMA(df['sales'], order=(5, 1, 0))
fitted_model = model.fit()

# 预测 2024 年前 6 个月的销售额
forecast = fitted_model.forecast(steps=6)

# 打印预测结果
print("2024 年前 6 个月的销售额预测：")
print(forecast)
```

运行上述代码，输出以下预测结果。

```
2024 年前 6 个月的销售额预测：
2024-01-31    205.958922
2024-02-29    214.624441
2024-03-31    215.296260
2024-04-30    206.830016
2024-05-31    205.804472
```

```
2024-06-30    214.305586
```

通过 ARIMA 模型，我们可以对股票价格、销售数据等进行预测，以便做出更明智的决策。

心跳图：时序数据与异常检测

在我们继续数据的"健身之旅"之前，先深入了解一下"心电图"——时序数据和异常检测。就像医生通过心电图监测心跳并发现异常情况一样，我们也可以通过分析时序数据来发现数据中的异常情况，并揭示潜在问题。

什么是时序数据

时序数据（Time Series Data）是按时间顺序记录的数据。它可以是每天的股票价格、每小时的气温变化、每分钟的心率，甚至每秒的服务器日志。时序数据的关键特点是数据点之间有时间顺序，这使得我们可以分析数据的趋势、季节性和周期性变化。

心电图与时序数据的关系

心电图是一个典型的时序数据。它记录了每分钟的心跳次数，能够帮助医生分析心脏的健康状况。正常的心电图是有规律的波动，如果心电图出现了异常波动，那么医生可以借此判断出可能存在的问题。

同样地，在大数据的世界中，我们可以利用时序数据来监测系统的运行状态、分析市场的变化趋势、预测未来的发展情况等。通过对时序数据进行分析，我们可以及时发现异常情况并采取相应措施。

【示例】心跳数据监测

假设有一位用户戴着一个智能手环，这个手环可以记录用户每分钟的心跳数

据。我们将通过以下步骤来分析这些心跳数据，并列举出可能的异常情况。

数据收集与预处理

我们需要收集用户一天的心跳数据，即每分钟的心跳次数。假设我们收集到的数据如表 5-1 所示。

表 5-1　用户一天的心跳数据

时间	心跳次数
00:00	65
00:01	67
00:02	66
...	...
23:58	70
23:59	68

在实际情况中，我们会有 1440 个数据点（24 小时 ×60 分钟）。

特征提取与分析

我们可以计算出这一天的心跳数据的均值、标准差、最大值和最小值。假设计算结果如下。

★ 均值：70 次 / 分钟。

★ 标准差：5 次 / 分钟。

★ 最大值：120 次 / 分钟。

★ 最小值：60 次 / 分钟。

模型训练与预测

为了检测异常，我们将使用历史数据训练一个模型，如 ARIMA 模型，可以使用过去一个月的数据来训练模型，以预测每分钟的心跳次数。

异常检测与报警

我们可以将每分钟的实际心跳次数与模型预测值进行比较。如果实际心跳次数显著偏离模型预测值（超过两个标准差），则标记为异常点。假设检测到以下异常点。

★ 10:15 心跳次数为 120（异常偏高）。

★ 15:30 心跳次数为 50（异常偏低）。

解读与报警

当检测到异常点时，我们需要解读这些数据，并判断是否需要采取行动。比如，10:15 的心跳次数异常偏高，可能是用户进行了剧烈运动或者遇到了令他紧张的事情；而 15:30 的心跳次数异常偏低，可能是用户正在休息或者身体出现了健康问题。

专家解读：数据科学家是如何解读数据的

作为大数据的我，每天都在和数据科学家打交道，他们像是我的侦探，帮助我解开那些复杂的数据谜题。现在，就让我带你看看，数据科学家是如何一步步解读我的。

数据收集

收集数据是第一步，这就像侦探收集线索一样。数据可以有各种来源，如公司的数据库、第三方数据提供商，甚至通过网络抓取。

（1）确定数据来源。例如，公司的销售记录、市场调查数据、社交媒体数据等。

（2）数据导入。使用工具将数据导入分析环境，如使用 pandas 库读取 CSV 或 Excel 文件。

数据清洗

在数据收集时会有很多脏数据。数据清洗就像是大扫除，去除不完整、重复或异常的数据，确保数据的准确性和完整性。

（1）处理缺失值。填补缺失数据或删除缺失值较多的记录。

（2）删除重复值。确保每条记录都是独一无二的。

（3）处理异常值。识别并处理不正常的数据点，如超出合理范围的值。

数据探索

接下来，数据科学家会对数据进行初步探索，就像侦探初步勘查现场一样，了解大致情况。该步骤通过统计描述和数据可视化来进行。

（1）统计描述。计算数据的基本统计量，如均值、中位数、标准差等。

（2）数据可视化。使用各种图表展示数据的分布和关系，如直方图、散点图、箱线图等。

特征工程

特征工程是从原始数据中提取和转换特征的过程。该步骤就像是从线索中找出关键证据，使得数据更加重要。

（1）特征选择。选择那些对目标变量影响最大的特征。

（2）特征转换。对特征进行标准化、归一化等处理。

（3）特征创建。根据已有特征创建新的特征，进一步挖掘数据潜力。

模型训练

在该步骤中，数据科学家会选择合适的算法，并利用训练数据进行模型训练，就像侦探用证据去还原案件真相一样。

（1）选择算法。根据任务选择合适的算法，如线性回归、决策树、随机森林等。

（2）训练模型。用训练数据来训练模型并使模型学会如何从数据中寻找规律。

（3）模型评估。通过交叉验证来评估模型性能并选择效果最好的模型。

结果解释

最后，数据科学家会对模型的输出结果进行解释和总结，就像侦探最终揭示案件真相一样。该步骤非常重要，因为它将技术结果转化为了实际可行的建议。

（1）模型解释。解释模型的预测结果和重要特征，了解哪些因素最重要。

（2）数据洞察。揭示数据中的重要规律和趋势，发现隐藏的信息。

（3）提出建议。基于分析结果提出实际的改进建议，帮助企业做出明智的决策。

小贴士：通过这些步骤，数据科学家能够系统地解读大数据，并从中发现有价值的信息和规律，为实际决策提供科学依据。这个过程既需要逻辑思维，又需要数学和统计知识，更需要对数据和业务有深刻理解。学到这里是不是感觉大数据的世界既神秘又充满乐趣！

第 6 章

数据治理：保护我，让我更健康

在本章中，我将强调数据治理对保持我的健康和高效运作的重要作用。通过合理的管理和保护措施，如数据隐私保护、数据质量控制和数据安全机制，你能够确保我在提供有效信息的同时，遵守法律、规范。有效的数据治理不仅能够防止数据被滥用，还能够提升数据的准确性和完整性，让我为你带来更可信、安全的服务。

18　我的身份证：数据目录和元数据

　　每个人都有身份证，那是一种能证明身份的重要凭证。对我——大数据——来说，也需要一个"身份证"来标识和管理自己，这就是数据目录和元数据。它们不仅能帮助我明确身份，还能追踪我的来源和变化。就像是一本百科全书，详细地记录了我的所有信息和历史数据。在这一节中，我们将深入探讨数据目录和元数据，看看它们是如何帮助企业更好地理解、管理和利用数据的。

数据字典：定义与约束

　　数据也有自己的字典，"数据字典"可以说是企业数据管理的基础，确保数据有条不紊地被使用。现在，让我们一起来看看数据字典是如何定义和约束数据的。

什么是数据字典

　　数据字典就像是一本词典，详细地记录了所有数据元素的定义、属性和使用规则。它不仅能告诉你每个数据元素的名称和含义，还能详细地描述数据的类型、长度、允许值范围等信息。通过数据字典，企业可以确保数据的一致性和准确性，避免因误解或错误操作而带来的问题。

数据字典的作用

　　数据字典的作用不仅仅是记录数据的定义，它还对数据的使用和管理有重要的约束作用。数据字典的几个主要作用如下。

　　1）确保数据一致性

　　通过统一的数据定义和规则，数据字典确保了数据在不同系统和应用中的一致性。例如，同一个客户的姓名和地址在所有系统中都使用相同的格式，遵守相同的规则。

2）提高数据理解

数据字典为数据提供了清晰的定义和描述，使得数据的使用者能够准确理解每个数据元素的含义和用途，从而最大限度地避免了误解和错误操作。

3）支持数据治理

数据字典是数据治理的重要工具，能够帮助企业制定和实施数据管理规范，以确保数据的质量和安全。

示例：客户数据字典

让我们通过一个具体示例来理解数据字典的内容和作用。假设有一个客户数据字典，其中记录了与客户相关的数据元素，如表 6-1 所示。

表 6-1　客户数据字典

数据元素名称	数据类型	数据长度	允许值范围	默认值	描述
客户 ID	整数	10	1 ～ 9999999999	无	唯一标识每个客户
姓名	字符串	50	任意字符	无	客户的全名
性别	字符串	1	M, F	无	客户的性别（M 代表男性，F 代表女性）
出生日期	日期	无	1900-01-01 至今	无	客户的出生日期
邮箱地址	字符串	100	有效的电子邮箱地址	无	客户的邮箱地址
注册日期	日期	无	无	当前日期	客户的注册日期

通过这个客户数据字典，我们可以清楚地了解每个数据元素的定义和规则。例如，客户 ID 是整数类型，数据长度为 10，范围是 1 ～ 9999999999，用于唯一标识每个客户；性别是字符串类型，数据长度为 1，取值只能是"M"或"F"，分别表示男性和女性。

数据字典的管理

为了确保数据字典的有效性和准确性，企业需要对数据字典进行管理和维护。

一些常见的数据字典管理方法如下。

（1）制定数据标准。确定数据定义和规则，制定统一的数据标准，确保数据字典的规范性和一致性。

（2）定期更新。随着业务的发展和变化，数据字典需要定期更新，添加新的数据元素或修改现有的数据定义和规则。

（3）权限控制。对数据字典的访问和修改进行权限控制，确保只有授权人员才能进行更新和维护。

（4）审计和监控。定期审计和监控数据字典的使用情况，发现并解决数据定义和使用中的问题。

小贴士：数据字典是企业数据管理的重要工具，可通过统一的数据定义和规则来确保数据的一致性和准确性。在数据字典中，每个数据元素都有明确的定义和约束，为企业的数据管理提供了坚实的基础。

元数据的守护：跟踪数据的来源与变化

元数据就像我的"护卫"一样守护着我，记录着我的每一个动作，确保我的来源和变化都井井有条。

什么是元数据

元数据，顾名思义，就是描述数据的数据。它不仅告诉你数据是什么，还告诉你数据从哪里来、发生了哪些变化、如何使用。想象一下，元数据就像是你记录着最详细内容的日记本，其中包括了你每天的行程、心情和活动细节。通过元数据，企业可以清楚地了解数据的整个生命周期，确保数据的完整性和可追溯性。

以下是元数据的主要内容。

* 数据来源：记录数据是从哪里来的。例如，来自哪个系统、采用哪种格式。

* 数据变化：记录数据在整个生命周期中发生了哪些变化。例如，数据被修改、删除或更新。

* 数据使用：记录数据是如何被使用的。例如，数据被哪些应用程序访问过，生成了哪些报告。

* 数据描述：提供数据的详细描述。例如，数据的定义、用途、业务规则等。

元数据的作用

元数据的作用不仅仅是记录，它还在数据管理和使用中起到了关键作用。元数据的几个主要作用如下。

* 数据追溯：元数据可以帮助企业追溯数据的来源和变化。例如，当你发现某个数据异常时，通过元数据可以追踪数据的来源和变动记录，找出问题的根源。

* 数据治理：元数据是数据治理的重要工具，通过记录数据的定义、来源和使用情况，确保数据的一致性和完整性。它帮助企业制定和执行数据管理规范，提高数据质量。

* 数据使用：元数据提供了数据的详细描述和使用规则，能够帮助用户准确理解和使用数据，从而最大限度地避免了误解和错误操作。

示例：客户数据的元数据

让我们通过一个具体示例来了解元数据的内容和作用。假设有一个客户数据的元数据记录，如表 6-2 所示。

表 6-2 客户数据的元数据记录

元数据项	描述
数据来源	CRM 系统，Excel 文件
数据创建时间	2023-01-01
数据修改记录	2023-02-15：更新客户地址；2023-03-01：修改客户联系方式
数据使用记录	被销售系统访问生成季度销售报告
数据描述	客户信息，包括姓名、性别、出生日期、邮箱地址等
业务规则	姓名不得为空；邮箱地址必须为有效的邮箱地址

通过这个客户数据的元数据记录，我们可以清楚地看到数据的来源、创建时间、修改记录和使用记录等信息。我们如果发现某个客户的地址错误，那么可以通过元数据追踪是在哪次修改中出现了问题，并进行相应的修正。

元数据管理的工具

为了更高效地管理元数据，我们可以借助一些元数据管理工具。这些工具不仅可以记录和跟踪元数据，还可以提供强大的搜索和分析功能，帮助企业全面了解和管理数据。

Informatica Metadata Manager 是一款强大的元数据管理工具，提供了元数据采集、管理、搜索和分析功能。它可以自动从多个数据源中采集元数据，帮助企业全面了解和管理数据。

Collibra 是一家专注于数据治理和元数据管理的公司，其产品提供了丰富的元数据管理功能。Collibra 可以帮助企业建立和维护数据目录，跟踪数据的来源和变化，确保数据的质量和一致性。

DataWorks 是阿里巴巴集团提供的一站式数据开发和治理平台，支持元数据管理功能。DataWorks 可以帮助企业自动采集和管理元数据，提供可视化的元数据搜索和分析功能。

小贴士： 元数据是数据的守护者，通过记录和跟踪数据的来源与变化，确保数据的完整性和可追溯性。它不仅可以帮助企业理解和使用数据，还可以在数据治理中起到关键作用。通过有效的元数据管理，企业可以全面掌握数据的生命周期，提高数据质量和管理效率。

19　我的护卫：数据加密先生

在这项数据管理工作中，保护数据的安全至关重要。就像我们需要防止家中的贵重物品被偷窃，我也需要一位强大的"护卫"来保护我，这位"护卫"就是"数据加密先生"。数据加密是一种重要的技术手段，可以确保数据在传输和存储过程中不会被未经授权的人访问和篡改。在这一节中，我们将深入探讨数据加密的奥秘，了解加密与解密的技术原理及流行的加密算法与工具。

数据加密与数据解密的基本原理

数据加密就像是给你最重要的秘密上了一把锁，只有拥有正确钥匙的人才可以打开这把锁，读取其中的内容。

数据加密是一种将原始数据（明文）转换为不可读格式的数据（密文）的过程。加密的目的是保护数据，防止未经授权的人读取或篡改数据。只有持有正确解密密钥的人，才可以将密文还原为明文，读取数据内容。

加密和解密的过程如图 6-1 所示。

明文　→　加密算法　—加密密钥→　密文　→　解密算法　—解密密钥→　明文

图 6-1

* 明文：原始数据，未加密的可读信息。

* 加密算法：用于将明文转换为密文的数学算法。

* 加密密钥：用于加密明文的密钥。

* 密文：加密后的数据，不可读的信息。

* 解密算法：用于将密文还原为明文的数学算法。

* 解密密钥：用于解密密文的密钥。

对称加密与非对称加密

加密算法主要分为对称加密和非对称加密两种类型。

对称加密

想象一下，你有一个上锁的宝箱，并且只有一把钥匙（密钥）可以打开它。如果你用这把钥匙把宝箱锁起来（加密），那么其他人需要用同样的钥匙才能打开它（解密）。对称加密就像宝箱和钥匙一样，加密速度快、效率高，但要确保钥匙不被坏人窃取。

常见的对称加密算法如下。

* AES（Advanced Encryption Standard）：高级加密标准，广泛应用于数据加密。

* DES（Data Encryption Standard）：数据加密标准，虽然算法内容较旧，但仍在一些应用中使用。

* 3DES（Triple DES）：三重数据加密标准，通过三次加密增加数据的安全性。

对称加密的流程（以 AES 加密算法为例）如图 6-2 所示。

明文 → AES加密 → 密钥 → 密文 → AES解密 → 密钥 → 明文

图 6-2

例如，小明和小红需要通过网络传输一个文件，小明希望文件内容在传输过程中保持机密，不被他人查看，于是他们使用了对称加密的方法。

（1）生成密钥。小明和小红约定使用一段密钥进行加密和解密，如"MY_SECRET_KEY"。

（2）加密文件内容。小明将文件内容"敏感信息"使用密钥"MY_SECRET_KEY"进行加密，生成了加密后的数据串，如"ENCRYPTED_DATA_12345"。这个过程就像用钥匙把宝箱锁起来一样，其他人无法查看箱子中的内容。

（3）传输加密文件。小明将加密后的数据通过网络发送给小红。即使文件在传输过程中被截获，攻击者也只能看到加密数据"ENCRYPTED_DATA_12345"。

（4）解密文件内容。小红收到加密数据后，需使用同样的密钥"MY_SECRET_KEY"进行解密，恢复原始文件内容"敏感信息"。这个过程就像用钥匙打开宝箱一样，之后就可以看到箱子中的宝藏了。

小贴士： 对称加密的核心在于密钥的管理。虽然加密和解密过程都很迅速，但确保密钥的安全至关重要。如果密钥被他人获取，则数据的安全性将不能保证。

非对称加密

非对称加密是一种使用一对密钥（公钥和私钥）进行加密和解密的算法。公钥用于加密数据，私钥用于解密数据。公钥是公开的，任何人都可以使用它来加密数据，但只有拥有私钥的人才能解密数据。这种方法解决了对称加密中的密钥传输和管理问题。

常见的非对称加密算法如下。

> ★ RSA（Rivest Shamir Adleman）：一种广泛使用的非对称加密算法，用于安全数据传输和数字签名。
>
> ★ ECC（Elliptic Curve Cryptography）：椭圆曲线密码学，提供与 RSA 相同安全级别的更短密钥。

非对称加密的流程（以 RSA 算法为例）如图 6-3 所示。

图 6-3

仍然以小明和小红进行网络文件传输为例，小明和小红希望文件内容在传输过程中保持机密，不被他人查看，于是他们使用了非对称加密的方法。

（1）生成密钥对。小红生成了一对密钥：公钥和私钥。她将公钥公开给所有人，但私钥自己保管。

（2）小明获取公钥。小明从公开的地方获取了小红的公钥。

（3）加密文件内容。小明将文件内容"敏感信息"使用小红的公钥进行加密，生成了加密后的数据串，如"ENCRYPTED_DATA_12345"。这个过程就像用小红公开的锁把宝箱锁起来一样，除了小红，别人都无法打开。

（4）传输加密文件。小明将加密后的数据通过网络发送给小红。即使文件在传输过程中被截获，攻击者也只能看到加密数据"ENCRYPTED_DATA_12345"。

（5）解密文件内容。小红收到加密数据后，使用自己的私钥进行解密，恢复原始文件内容"敏感信息"。这个过程就像用自己的钥匙打开锁住的宝箱一样，之后就可以看到宝箱中的宝藏了。

小明和小红使用非对称加密的流程如图 6-4 所示。

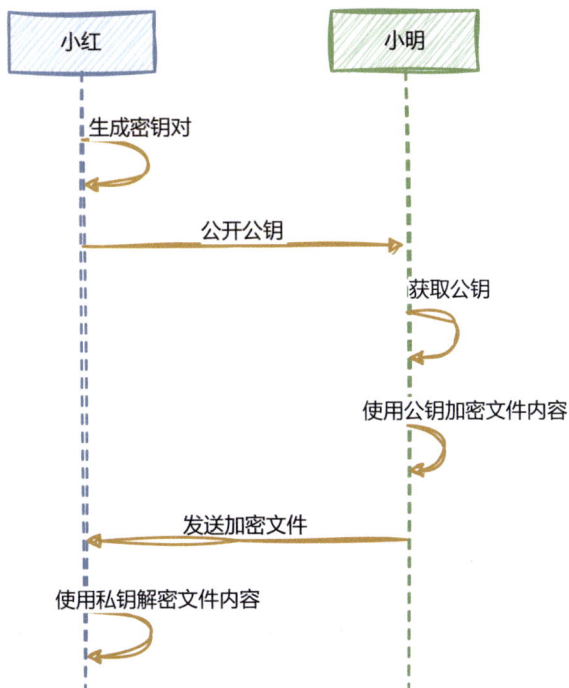

图 6-4

安全的保障：防止数据泄露的措施

在数据管理工作中，防止数据泄露是一个至关重要的环节。想象一下，如果你家的大门没有锁，任何人都可以随意进出，那么你的隐私和安全将受到严重威胁。数据也是如此，需要多重安全措施来保护它们免受未经授权的访问和泄露。

数据加密

数据加密是保护数据的基本手段，通过将明文数据转换为密文，确保即使数据被拦截，未经授权的人也无法读取其中的内容。

例如，在电子商务网站上，用户的信用卡信息在传输和存储时都会进行加

157

密。通过 AES 或 RSA 等加密算法，确保这些敏感信息在传输过程中不会被窃取或篡改。

访问控制

访问控制通过限制数据访问权限来确保只有授权的用户才能访问特定的数据，包括身份验证和授权。

例如，在一家医院中，只有特定的医护人员和管理员才可以访问患者的医疗记录。系统通过用户名和密码、多因素认证（MFA）等方式验证用户身份，并根据用户角色分配访问权限，如图 6-5 所示。

图 6-5

数据脱敏

数据脱敏是指通过对敏感数据进行处理，使其在使用过程中不泄露原始敏感信息，但仍保留数据的实用性。这样做的目的是保护隐私和敏感信息，尤其是在数据分析、开发和测试等场景中。

某银行在开发新的在线银行系统时，需要使用真实客户数据进行测试，但又不能暴露客户的敏感信息（如姓名、地址、身份证号等）。为了保证数据的隐私性，他们决定对客户数据进行脱敏处理。

（1）原始数据如表 6-3 所示。

表6-3　原始数据

客户ID	姓名	地址	身份证号码	电话号码
001	张三	北京市朝阳区望京街道	1101011******1234①	138****1234④
002	李四	上海市浦东新区陆家嘴	3101151******1567②	139****4567⑤
003	王五	广州市天河区珠江新城	4401061******5678③	137****6789⑥

（2）脱敏处理。

★　姓名替换为虚拟姓名。

★　地址替换为虚拟地址。

★　身份证号码部分数字用★遮蔽。

★　电话号码部分数字用★遮蔽。

（3）脱敏后的数据如表6-4所示。

表6-4　脱敏后的数据

客户ID	姓名	地址	身份证号码	电话号码
001	小明	XX市XX区XX街道	110101******1234	138****1234
002	小红	XX市XX区XX街道	310115******1567	139****4567
003	小强	XX市XX区XX街道	440106******5678	137****6789

这里将原始姓名张三、李四、王五替换为虚拟姓名小明、小红、小强。

防火墙和入侵检测系统

防火墙和入侵检测系统（IDS）通过监控和过滤网络流量来防止未经授权的访问和恶意攻击。

例如，公司网络通过设置防火墙来阻止可疑流量，并部署入侵检测系统来监控和识别潜在的安全威胁。每当检测到异常活动，系统会立即发出警报，并通知安全团队处理，如图6-6所示。

---

① 因身份证号码涉及个人隐私，此处不进行具体显示，读者理解即可，②③同①。

④ 因电话号码涉及个人隐私，此处不进行具体显示，读者理解即可，⑤⑥同④。

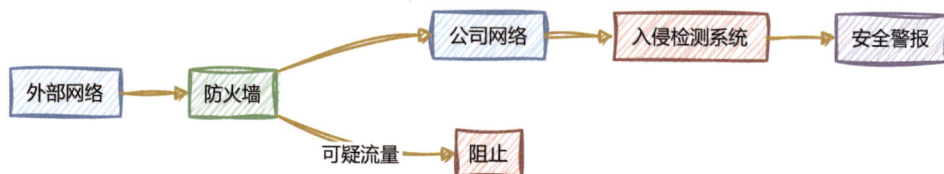

图 6-6

数据备份和恢复

数据备份和恢复确保在数据丢失或损坏时，可以通过备份数据进行恢复，保障数据的完整性和可用性。

例如，公司定期备份客户数据，并将备份存储在安全的异地服务器上。当数据中心发生故障时，可以通过备份数据快速恢复业务运营，避免数据丢失带来的损失。

第 **7** 章

介绍我的好朋友们

在本章中，我将介绍一些帮助我成长和变得更强大的技术伙伴，如机器学习、云计算、自然语言处理和机器视觉等。这些技术伙伴与我密切合作，共同处理、分析和传输海量数据，扩展了我的能力和应用场景。通过这些技术伙伴的支持，我能够更高效地为你提供智能化、实时化和个性化的服务，使得数据的价值在各领域中得以充分发挥。

20　我的学霸朋友：机器学习

本节我要向大家介绍一位非常聪明的朋友——机器学习，你可以叫他小明。小明可谓是我的得力助手，他擅长从大量数据中学习并总结规律，并借此帮我预测、分类和优化。无论是推荐你喜欢的电影，还是分析市场趋势，小明都能快速找到隐藏在数据中的模式。通过他的帮助，我变得更加智能，能够更好地理解和回应你的需求。

小明的学习日志 1：模型的训练与测试

欢迎来到我最喜欢的一节课——讲解我的学霸朋友小明的学习日志！小明可是一个超级聪明的家伙，专门负责训练和测试各种模型。这听起来很厉害对吧！今天，我将带大家一起看看，小明是如何一步一步训练和测试模型的。

数据准备

数据就像是小明的学习材料，只有先把这些材料整理好，小明才能开始他的学习之旅。他需要将数据分成训练集和测试集，就像学生的教材和练习册一样。

1）数据收集

首先，小明会从各种渠道收集数据，如从数据库、网络、传感器等。数据收集完成后，需要进行预处理，如处理缺失值、去重、标准化等。

假设小明正在收集用于预测房价的数据。他从以下来源收集了如表 7-1 所示的信息。

> ★ 数据库：从房地产交易数据库中获取历史房价记录。
>
> ★ 网络：通过爬虫技术从房产网站中收集最新的房源信息。
>
> ★ 传感器：从智能城市系统中获取周边环境数据，如空气质量、噪音水平等。

表 7-1 用于预测房价的数据

房屋 ID	面积（平方米）	房间数	楼层	建筑时间	价格（万元）	小区名称	城市	空气质量指数	噪音水平（dB）
1	85	3	5	2005	200	阳光小区	北京	75	55
2	120	4	8	2010	300	绿洲花园	上海	65	50
3	100	3	12	2008	250	蓝天城	广州	80	60

2）数据划分

接着，小明会把数据分成两部分：训练集和测试集。训练集用于模型的学习，就像是课堂上使用的教材；测试集用于评估模型的效果，就像是作为课后作业的练习册。

模型选择

数据准备好后，小明会根据任务的不同选择合适的模型。模型就像是不同的学习方法，有的适合学习数学，有的适合学习语文。

模型的选择如图 7-1 所示。

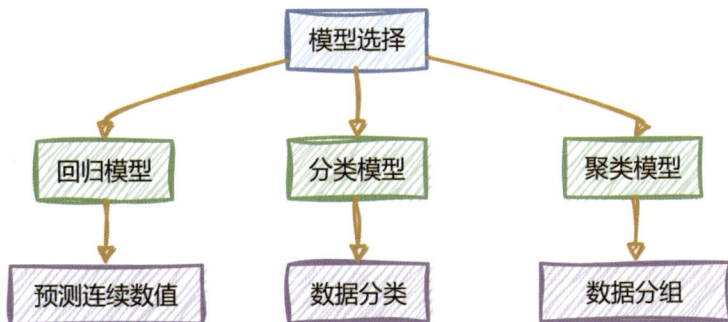

图 7-1

1）回归模型

小明如果要预测连续的数值，如房价、气温等，那么可以选择回归模型。

2）分类模型

小明如果要进行分类任务，如判断邮件是垃圾邮件还是正常邮件，那么可以选择分类模型。

3）聚类模型

小明如果要发现数据中的模式和分组，如将客户分群，那么可以选择聚类模型。

模型训练

选择好模型后，小明会开始训练模型。他主要使用以下两种方法训练模型。

1）参数调整

在机器学习中，参数调整（也称为超参数调优）是为了找到最佳的参数组合，使模型在训练数据方面表现优异。这就像调音师调整乐器的音色一样，需要一直调整直到音乐听起来完美为止。

小明会根据数据和模型不断调整模型的参数，使模型能够更好地拟合数据。模型参数调整过程如图 7-2 所示。

如果你要做一杯好喝的果汁，那么是不是得试验加多少水果、多少糖、多少水合适呢？对了，就是这个意思！小明现在要做的，就是为他的模型找到那个能让它工作得最好的"配方"。

他开始的时候，可能会随便猜一个配方，比如说："我觉得这个参数加 5 份，那个参数加 3 份，这应该差不多吧？"随后，他会用这个配方去尝试，模型能不能更好地学习和预测。

但是，很多时候，第一次猜的配方都不是最好的。就像是你做的果汁，太甜了或太酸了，不好喝！这时候，小明就会像调整果汁配方一样，调整模型的参数。

他会想："可能我需要减少一点这个参数，再多加一点那个参数。"

就这样，小明会一次又一次地尝试，每次都会根据模型的表现来调整它的参数。这就像是在玩一个超级好玩的游戏，每次调整都可能让模型变得更聪明。有时候，模型会因为小明的调整而突然变得特别厉害，就像是找到了那个完美的果汁配方！

2）交叉验证

小明还会用一个叫作"交叉验证"的"魔法技巧"来确保他找到的参数不是偶尔好用，而是真的能让模型在很多不同的情况下都表现得很棒。这就像是我们不仅要做一杯好喝的果汁，还要确保每次用这个配方都能做出一样好喝的果汁。

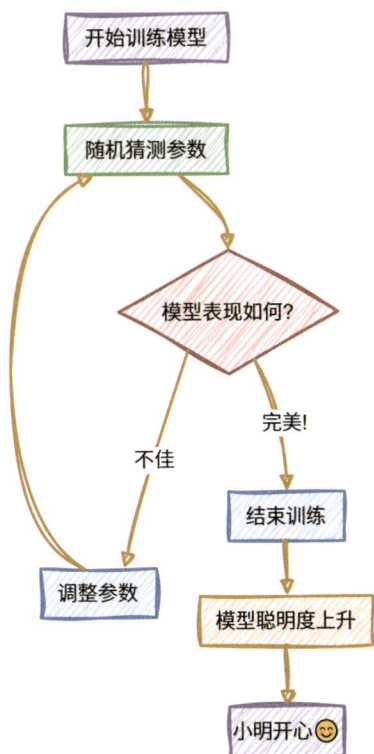

图 7-2

首先，小明会把他的数据想象成一大堆五颜六色的糖果。然后，他会把这些糖果分成几堆。

接着，小明会用其中一堆糖果来教模型怎么分辨糖果是甜的还是酸的，这就像是我们告诉模型："看，这些糖果是甜的，那些糖果是酸的。"

最后，小明会用另外一堆糖果来测试模型，看看它能否准确地分辨出这些糖果的味道。

但是，只做一次这样的测试是不够的哦。因为，模型可能只是偶然地在那堆用于测试的糖果上表现良好，就像是我们偶然猜对了一次谜语一样。

因此，小明会把所有的糖果堆轮流用于测试和训练模型。通过多次的测试和

训练，小明就可以确定他找到的参数是真的让模型变得更"聪明"了，而不是偶然的好用。

模型交叉验证的过程如图 7-3 所示。

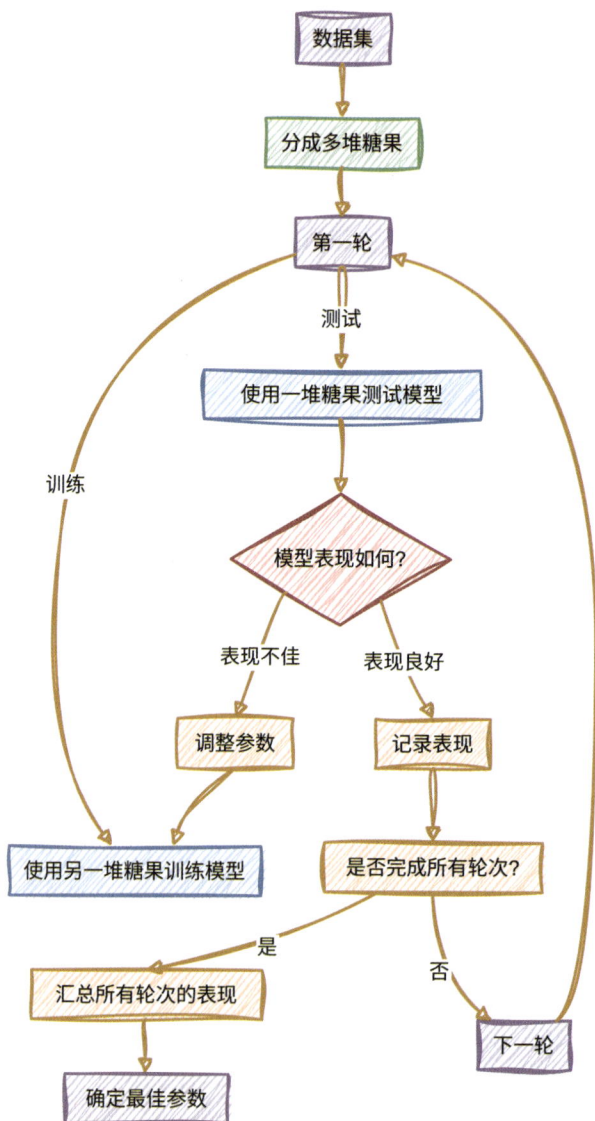

图 7-3

模型评估

训练完成后，小明会检验模型的表现如何。

1）准确率、召回率和 F1 值

为了更全面地了解模型的表现，小明准备用一些评估指标来测试模型，如准确率、召回率和 F1 值。这些指标就像是考试的评分标准，能够帮助小明清楚地知道自己的模型在哪些方面表现优异，哪些方面还需要改进。

（1）准确率。想象一下，你有一堆糖果，其中有些是红色的，有些是蓝色的。你告诉模型："红色的糖果是甜的，蓝色的糖果是酸的。"随后，模型开始猜测每颗糖果的味道。

准确率就是模型猜对的糖果数量除以总糖果数量。例如，模型猜对了 9 颗糖果的味道，而总共有 10 颗糖果，那么准确率就是 90%！

（2）召回率。现在，我们特别关心红色糖果，因为红色糖果都是甜的。召回率就是模型猜对的红色糖果数量除以实际红色糖果的数量。例如，实际上有 5 颗红色糖果，模型猜对了 4 颗，那召回率就是 80%！召回率越高，说明模型能找到的甜的红色糖果越多。

（3）F1 值。有时候，我们既想让模型猜得准，又想让它别漏掉太多的红色糖果。这时候，我们就可以请 F1 值来帮忙！F1 值是准确率和召回率的"好朋友"，它会考虑这两个指标，然后给出一个综合评价。如果准确率和召回率都很高，那F1 值也会很高，说明模型既猜得准，又没有漏掉太多的红色糖果。

2）混淆矩阵

除了这些指标，小明还会用到一个叫作"混淆矩阵"的工具来直观地查看模型的分类效果。混淆矩阵就像是成绩单，通过这个成绩单可以计算出模型在每个分类上的正确率和错误率，让小明能够一目了然地了解模型的分类性能。

例如，我们有一些红色糖果和蓝色糖果，模型要尝试对它们进行分辨。由于我们特别关心红色糖果，所以可以把红色糖果叫作"正例"，蓝色糖果叫作"负例"。

现在，让我们来看看这个特别的"成绩单"，如表 7-2 所示。

表 7-2　特别的"成绩单"

	模型说是红色	模型说是蓝色
实际上是红色	真正例（TP）	假负例（FN）
实际上是蓝色	假正例（FP）	真负例（TN）

以下是对这个"成绩单"的解析。

* 真正例（TP）：模型猜对了的红色糖果数量。

* 假负例（FN）：模型猜错了的红色糖果数量，它其实是红色，但模型猜成了蓝色。

* 假正例（FP）：模型猜错了的蓝色糖果数量，它其实是蓝色，但模型猜成了红色。

* 真负例（TN）：模型猜对了的蓝色糖果数量。

要计算正确率和错误率，我们需要使用这些具体样本数。例如：

* 正确率 =（TP + TN）÷ 总样本数。

* 错误率 =（FP + FN）÷ 总样本数。

通过这个"成绩单"，我们就可以知道模型在分辨红色糖果和蓝色糖果方面做得怎么样了。如果"真正例"和"真负例"的数量很多，就说明模型做得很好！如果"假正例"和"假负例"的数量很多，就说明模型还需要再努力一下！

模型优化

就算模型的评估结果不太理想，小明也不会轻易放弃。他会继续努力优化模型，直到达到满意的效果为止。

1）调参

小明会继续调整模型的参数，这就像学生在考试后根据老师的反馈和建议，调整自己的学习方法，争取下次考得更好。

2）特征工程

除了调参，小明还会进行一项叫作"特征工程"的工作。他会尝试提取和选择更有效的特征来优化模型的表现。这就像学生在学习过程中，不断寻找和选择好的学习资料和学习方法，帮助自己更好地掌握知识。

小明的学习日志 2：模型部署与监控

小明已经完成了模型的训练和测试，现在我们要看看如何让模型在现实世界中发挥作用，并且持续保持高效运行。模型部署与监控让小明的模型走出实验室，开始在实际应用中大显身手。

模型部署

模型部署的主要步骤如下。

1）模型导出与保存

小明会把训练好的模型保存成一个合适的格式，如 TensorFlow 的 SavedModel 格式，或者 PyTorch 的 .pth 格式。这样，模型就可以被其他系统加载和使用，就像我们保存了一份文件，以便之后继续查看和编辑。

2）环境配置

★ 依赖库安装：小明会确保部署环境中安装了所有需要的依赖库，如 scikit-learn、TensorFlow、PyTorch 等。这就像你准备好了所有的学习工具，确保考试都顺利进行。

> ★ 硬件配置：根据模型的计算需求选择合适的硬件配置，如使用 GPU 来加速计算。这就像小明拥有了一台高性能的计算机，他能够更高效地完成任务。

3）服务化模型

小明会把模型包装成 API 接口，通过 Flask、Django 等框架，让其他系统可以方便地调用这个模型。

小明还会使用 Docker 把模型和所有依赖打包成一个容器，确保模型在任何环境下都能运行。这就像小明把他所需要的工具都放到了"空间戒"（用于存放物品的"魔法戒指"）中，无论在哪里工作，他都有相同的设备和环境。

4）模型集成

小明会把模型集成到现有的系统中，确保系统与其他模块无缝对接。

为了应对大量的用户请求，小明会配置负载均衡器，确保模型服务在高并发的情况下仍然稳定工作。

持续监控模型性能

部署模型后，小明并不会就此松懈。他需要持续监控模型的运行情况，确保模型在实际应用中的稳定和高效。

1）性能监控

小明会监控模型服务的响应时间，确保用户在合理的时间内得到结果。如果发现响应时间过长的问题，那么他会分析原因并进行优化，并且监控每秒处理的请求数量，确保系统在高并发的情况下仍然高效运行。

2）模型准确性监控

小明会定期评估模型的预测准确性，确保模型在实际数据上的表现始终优异。

如果发现模型性能下降，那么他会重新训练和更新模型。

3）日志记录与分析

★ 请求日志：记录每次请求的输入、输出及响应时间，方便后续的分析和问题排查。

★ 错误日志：详细记录模型服务运行过程中出现的错误和异常，及时进行修复和优化。

4）模型更新与版本管理

★ 定期更新：根据新数据和新需求，定期对模型进行训练和更新，确保模型始终适应最新的环境和变化。

★ 回滚机制：在模型更新过程中，如果发现新模型存在问题，那么可快速回滚到旧版本，确保系统的稳定运行。

5）资源监控与管理

监控 CPU、GPU、内存等资源的使用情况，确保资源的合理分配和高效利用。

根据实际需求，动态调整硬件资源的配置，保证模型服务的高可用性和扩展性。

小·明的实践场：机器学习的应用场景

小明在学习了机器学习的基本理论和方法后，开始将所学知识应用到实际场景中。他发现，机器学习就像是一把神奇的钥匙，能够打开解决各种复杂问题的大门。下面，就让我们一起来看看小明在哪些场景中运用了机器学习，以及它是如何发挥作用的吧！

1）智能推荐系统

首先，小明尝试将机器学习应用到智能推荐系统中。他收集了大量用户的行

为数据和物品信息之后，训练了一个推荐模型。这个模型能够根据用户的喜好和历史行为，智能地为用户推荐可能感兴趣的物品或服务，就像是一个贴心的朋友，总是为给你推荐最合适的东西。

2）图像识别

然后，小明又将目光转向了图像识别领域。他利用机器学习算法，训练了一个能够识别各种图像内容的模型。这个模型可用于很多场景，如自动驾驶、安防监控等。它就像是一双锐利的眼睛，能够准确识别出图像中的物体和场景。

3）自然语言处理

接着，小明对自然语言处理产生了兴趣。他利用机器学习技术，训练了一个能够理解人类语言的模型。这个模型可以进行文本分类、情感分析、问答系统等任务，它就像是一个聪明的助手，能够帮助你处理各种与语言有关的任务。

4）预测分析

最后，小明尝试了将机器学习应用到预测分析中。他收集了大量历史数据，并训练了一个预测模型。这个模型能够根据历史数据的规律，预测未来的趋势和结果。它就像是一个神奇的预言家，能够帮助你提前做好准备工作，以便应对未来的挑战。

小贴士： 通过这些实践，小明深刻地体会到了机器学习的魅力和价值。他发现，只要有足够的数据和合适的算法，机器学习就能够解决很多看似复杂的问题。这让他更加坚定了自己继续深入学习和探索机器学习的决心。

21　我的邻居：云计算小红

在这个科技飞速发展的时代，数据存储和处理的方式也在经历着翻天覆地的变化。而在这场变革中，云计算一直引领我们走向新时代。而我的邻居正是云计算小红，她拥有一座神秘的"云屋"。

小红告诉我，以前人们都是自己买硬盘、创建服务器来存储和处理数据，就像每家每户都要自己挖水井、建水塔来储水一样。但这样做既麻烦又浪费资源，因为不是每家每户都能挖到好水井，同理不是每个服务器都能高效地处理数据。

而现在，有了云计算，一切都变得不一样了。云计算所拥有的这座巨大的云屋，其中有无数的"房间"可以供我们存储数据，还有功能强大的"处理器"帮助我们处理数据。我们只需要通过互联网就可以随时随地访问这座云屋，享受它带来的便利。

小红说，她现在把所有的照片、视频和文件都存储在云屋的房间里，再也不用担心硬盘坏了或数据丢了。而且，她还可以用云屋的"处理器"来处理一些复杂的数据分析任务，比以前用自己的电脑快多了。

听了小红的介绍，我也对这座云屋产生了好奇和向往。原来，数据存储和处理也可以变得如此简单、高效！

小红的云屋：数据存储与处理的新时代

今天，让我们深入了解云计算小红的世界，看看她那令人惊叹的云屋。

什么是云计算

云计算（Cloud Computing）是通过互联网提供计算资源的服务模式，包括服务器、存储、数据库、网络、软件等。用户无须购买和维护昂贵的硬件设备，

只需按需使用和支付即可，它像用水、用电一样方便。

小红的云屋

小红的云屋就是庞大的数据中心网络，这些数据中心分布在全球各地，通过高速互联网连接在一起。小红的云屋有以下几个主要特点。

1）弹性扩展

云计算的一个重要特点是弹性扩展。无论你需要存储的数据量有多大，需要处理的任务有多复杂，小红都能根据需求动态调整资源，确保应用始终高效运行。

例如，某电商平台在"双十一"期间流量暴增，小红的云屋能够迅速增加服务器和存储资源，确保网站流畅运行，如图 7-4 所示。

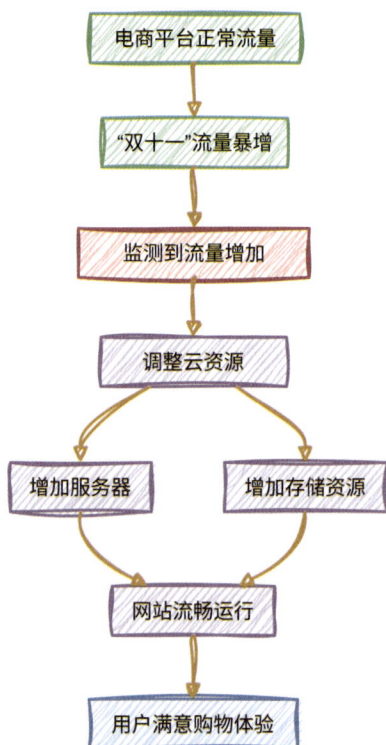

图 7-4

2）高可用性

想象一下，小红的云屋在很多地方都有"备份屋"。这些备份屋和原来的云屋是一样的，具有相同的功能。如果有一天，原来的云屋因为某些原因不能用了，比如被风吹走了或坏了，那么这些备份屋就会立刻变成新的云屋，继续保证小红的生活不会中断。这就是云计算的高可用性，即使某个数据中心发生故障，其他数据中心也能迅速接管，保证服务不中断。

例如，某金融机构使用云计算提供灾备服务，确保在任何自然灾害或硬件故障情况下，系统都能快速恢复，保障业务连续性，如图 7-5 所示。

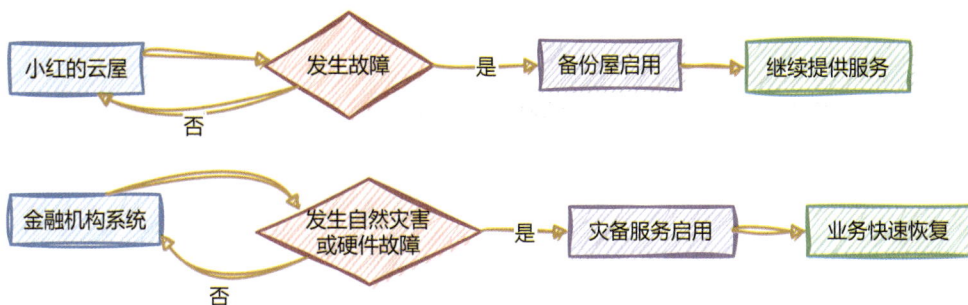

图 7-5

3）按需计费

使用小红的云屋，只需为实际使用的资源付费，而无须预先投资大量硬件设备。这种按需计费模式大大降低了成本，特别适合初创企业和中小企业。

例如，某初创公司在云计算平台上部署其应用程序，只需根据实际使用的资源量（如硬盘空间、网络带宽等）和时间来计费，这种计费方式类似于公共事业（如电和水）的计费方式。

数据存储：小红的"无尽仓库"

小红的云屋不仅能存储海量数据，还能提供多种存储服务，满足不同的数据

存储需求。例如，对象存储、块存储和文件存储，如图 7-6 所示。

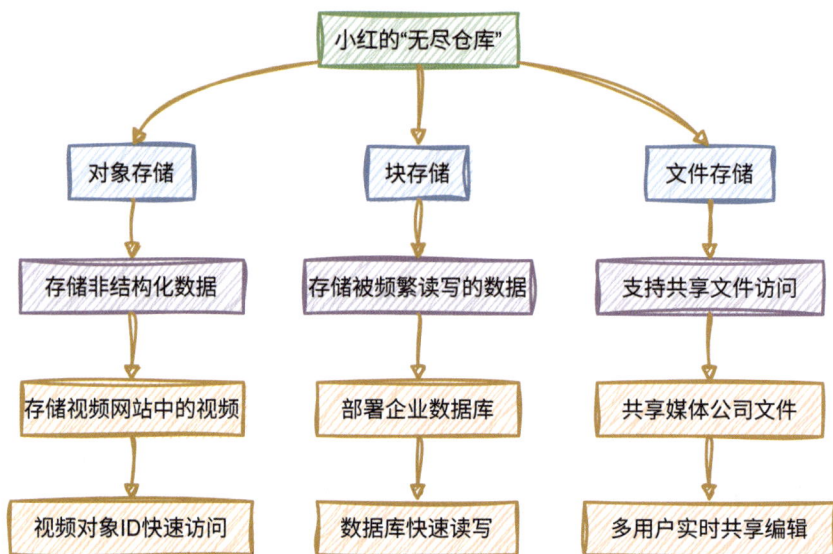

图 7-6

1）对象存储

对象存储是一种高扩展性的存储服务，适合存储大量的非结构化数据，如图片、视频、备份文件等。每个对象都有一个唯一的 ID，通过这个 ID 可以快速访问数据。

例如，某视频网站使用对象存储的方式保存用户上传的视频。用户上传的视频文件被存储为对象，每个对象都有一个唯一的 ID。当其他用户点击视频时，这个 ID 可以帮助其快速找到并播放视频。由于对象存储具备高扩展性，无论有多少用户同时上传或观看视频，都能确保视频的流畅度。

2）块存储

块存储类似于传统的硬盘驱动器，提供低延迟、高性能的数据存储，适合存储需要被频繁读写的数据。

例如，某大型企业将其数据库部署在块存储上。块存储可以像硬盘一样进行分区，每个分区都是独立的块，存取数据速度极快，适合需要进行高频率读写操作的数据库使用。例如，当一个银行系统处理成千上万的交易请求时，块存储可以确保每笔交易的迅速响应和数据的即时写入。

3）文件存储

文件存储提供分布式文件系统，支持共享文件访问，适用于需要多用户和多应用同时访问的场景，如企业文件共享、内容管理系统等。

例如，某媒体公司使用文件存储的方式保存和共享大量的图片和文件。编辑和设计人员可以同时访问同一个文件存储系统，实时共享和编辑文件。例如，当一个编辑在系统中上传一组新照片时，设计师能立即访问这些照片并开始设计工作，极大地提高了团队的协作效率。

数据处理：小红的强大引擎

小红的云屋不仅能存储数据，还能高效处理各种复杂的数据任务。

1）大数据处理

小红提供大数据处理平台，如 Hadoop 和 Spark，能够处理海量数据的存储、计算和分析，适用于日志分析、数据挖掘等场景。

例如，某互联网公司使用 Spark 平台处理用户行为日志。这家公司每天都会收集大量用户的点击、浏览、购买记录等数据，并通过 Spark 进行实时分析，发现用户的行为模式和行为偏好，从而为精准营销和个性化推荐提供数据支持。

2）人工智能

小红提供机器学习和深度学习平台，如 TensorFlow 和 PyTorch，支持模型训练和推理，加速 AI 应用的开发和部署。

例如，某医疗机构使用云计算平台训练 AI 模型，辅助医生进行病症诊断。医生将患者的 X 光片上传到系统，AI 模型会自动分析，标记出可能的病变区域，并给出诊断建议，帮助医生快速、准确地做出诊断。

3）无服务器计算

小红的云屋还提供无服务器计算服务，如 AWS Lambda 和 Azure Functions，用户只需编写代码，无须管理底层服务器，极大地简化了应用开发和部署的流程。

例如，某初创公司使用无服务器计算部署其应用程序。公司只需编写核心业务逻辑代码并部署在云平台上即可。当用户访问应用时，云平台会自动分配计算资源处理请求，且按使用量收费，极大地降低了初创公司的运维成本和开发复杂度。

小贴士： 通过深入了解小红的云屋，可以看到云计算彻底改变了数据存储和处理的方式。从弹性扩展到高可用性，从对象存储到无服务器计算，云计算为人类带来了前所未有的便利和效率。

云上的合作：我与云的互动

在上一节中，我们深入探讨了小红的云屋是如何存储和处理海量数据的。这次，让我们看看我和小红是如何在云端合作，共同完成任务的。我和小红的合作会使你们的生活变得更加便捷、智能。

数据的无缝传输

首先，让我们聊聊数据的无缝传输。当我需要处理大量数据时，小红会迅速提供所需的存储和计算资源。我和小红之间的数据传输就像与邻居借糖一样简单、快捷。

想象一下，你在手机上上传了一张旅行照片。首先，照片会通过互联网传输到小红的云屋，在那里，它会被存储为一个对象。然后，当你想要在另一台设备上查看这张照片时，我会从小红的云屋中调取这张照片，迅速传输到你的设备上。整个过程快得让你几乎察觉不到任何延迟。

实时数据处理

实时数据处理是我和小红合作中的一个重要环节。小红提供强大的计算能力，我则负责收集和处理数据，确保你能实时获得最新的信息和服务。

想象一下，你在观看一场体育比赛直播。比赛的每个瞬间都能通过摄像机捕捉，并实时上传到云端。我和小红一起处理这些视频数据，进行压缩和优化之后，通过流媒体技术将比赛画面传送到你的屏幕上。无论是关键进球还是慢动作回放，都能确保你不会错过任何精彩瞬间。

数据分析与机器学习

在数据分析与机器学习方面，我和小红的合作尤为密切。小红提供强大的计算平台，我则利用这个平台训练和部署机器学习模型。

例如，某电商平台希望根据用户行为推荐个性化商品。当你浏览和购买商品时，我会收集你的行为数据，并传输到小红的云屋。之后，我将利用云平台上的机器学习工具（如 TensorFlow 或 PyTorch）训练一个推荐算法模型。这个模型会分析大量用户数据，找出相似用户的购物习惯，从而为你推荐可能喜欢的商品。当你打开购物网站时，看到的那些精准推荐，都是我和小红的杰作。

自动化运维

在自动化运维方面，我和小红的合作极大地提高了系统的稳定性和运维效率。小红提供自动化运维工具，我则监控和管理系统状态，确保服务的持续可用性。

例如，某大型企业的 IT 系统需要全天候不间断运行。我们利用小红的自动化运维工具，如 AWS CloudWatch 或 Azure Monitor，实时监控服务器性能、网

络流量和应用日志。当检测到任何异常时，我会立即触发自动化脚本进行故障排查和修复。例如，某台服务器的 CPU 负载过高，自动化脚本会自动启动备用服务器，分担负载，确保系统的稳定运行。

大数据处理

对于大数据处理，我和小红的合作使得处理海量数据变得高效而快捷。小红提供大数据处理平台，我则负责数据的收集、清洗、分析和可视化。

例如，某社交媒体平台需要分析用户的互动数据，了解热门话题和用户情绪。首先，我会将用户的点赞、评论和分享数据上传到小红的大数据处理平台上。然后，通过 Hadoop 或 Spark 等工具进行数据清洗和分析，提取有价值的信息，生成可视化报告，帮助平台运营团队制定决策。例如，通过分析数据，我可以发现某条新闻在短时间内获得了大量关注，这时，我会建议平台推送更多的相关内容，保持用户活跃度。

跨地域协作

云计算的一个巨大优势是跨地域协作。无论你身在何处，只要有互联网，我和小红就可以为你提供服务。小红的全球数据中心网络确保了数据的快速传输和处理。

例如，某国际企业在全球多个国家设有办事处，员工需要协同工作。小红的云屋提供全球数据存储和访问服务，确保所有办事处的员工都能快速访问和共享文件。无论你在纽约、伦敦还是上海，只需登录公司的云端账号，就能查看和编辑团队文件，进行实时协作。

小贴士： 我和小红的密切合作共同为你提供了高效、可靠和智能的云端服务。从数据传输到实时处理，从机器学习到自动化运维，我们的每一次互动都在提升你的生活质量和工作效率。云计算让一切变得可能，也让我们的合作更加紧密和富有成效。

22　我的技术达人：自然语言处理小华

在认识了机器学习小明和云计算小红之后，现在我要介绍另一位超级厉害的朋友小华——自然语言处理。小华可是个语言天才，她能够理解和生成人类语言，处理文本、分析情感、翻译语言，甚至和你聊天！无论是聊天机器人、语音助手，还是智能翻译，小华都在背后默默地发挥着她的力量。

小·华的语言天赋：文本处理与情感分析

今天让我们走进自然语言处理小华的世界，看看她那令人惊叹的语言天赋。

文本处理：从无序到有序

小华的第一项技能是文本处理。她能将大量无序的文字信息变得有序和结构化，以便后续分析和使用。这包括分词、词性标注、命名实体识别等步骤，如图 7-7 所示。

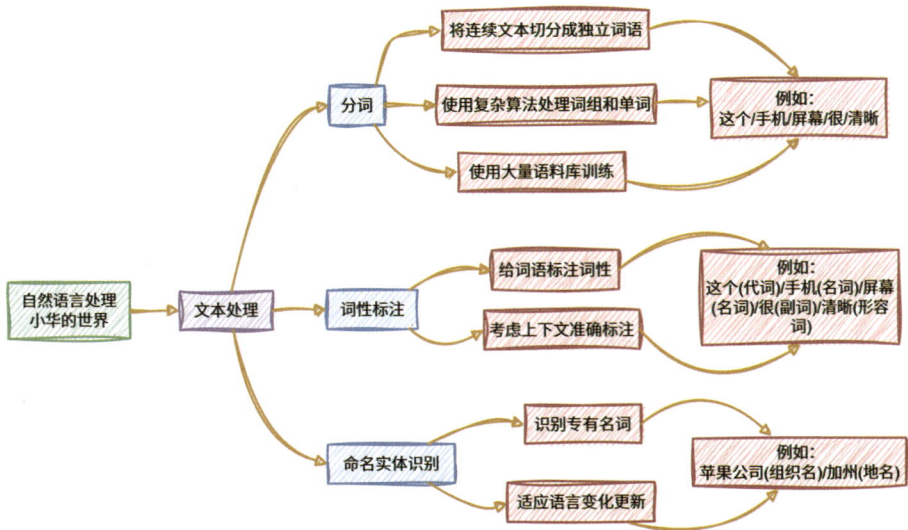

图 7-7

1）分词

分词是指将一段连续的文本切分成一个个独立的词语。对于中文这样的语言，分词尤为重要，因为中文句子中没有空格分隔词语。

例如，某电商平台希望分析用户评论，以改进产品和服务。用户评论"这个手机屏幕很清晰"会被分词为"这个 / 手机 / 屏幕 / 很 / 清晰"，这样每个词语都会被单独提取出来，方便进一步分析。

分词不仅仅是简单地拆分句子，还涉及复杂的算法。例如，对于"苹果手机"这种词组，分词算法需要知道这是一个完整的名词，而不是将其拆分为"苹果"和"手机"。为了实现精准分词，小华会使用大量的语料库进行训练，从而在分词时能够准确识别出词组和单词。

分词的过程如图 7-8 所示。

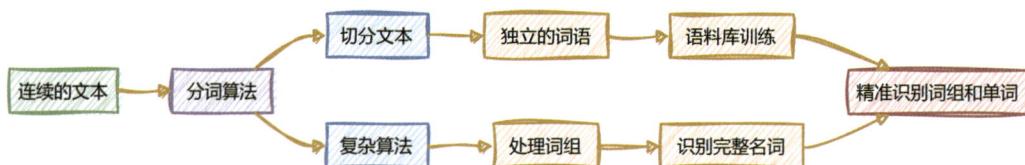

图 7-8

2）词性标注

在分词的基础上，小华还会为每个词语标注词性，如名词、动词、形容词等，这有助于理解句子的语法结构。

在上面的示例中，词性标注会将"这个"标注为代词，"手机"标注为名词，"屏幕"标注为名词，"很"标注为副词，"清晰"标注为形容词。这种标注有助于进一步的句法分析和信息提取。

词性标注不仅是简单地给每个词打标签，还需要考虑上下文。例如，"苹果"

在"苹果公司"和"吃苹果"中是不同的，前者是组织名，后者是水果。小华通过上下文分析和统计模型，能够准确进行词性标注，确保文本处理的正确率。

词性标注的过程如图 7-9 所示。

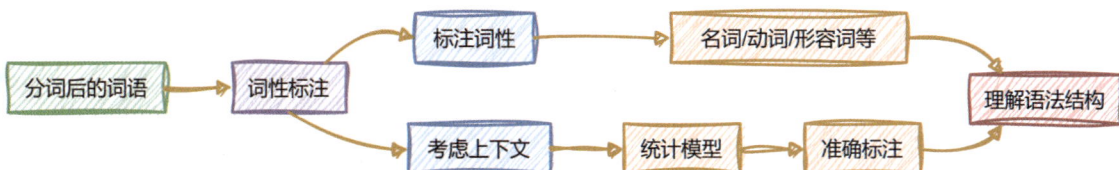

图 7-9

3）命名实体识别

命名实体识别是指识别出文本中的专有名词，如人名、地名、组织机构名等。

对于句子"苹果公司在加州"，经过命名实体识别处理后，"苹果公司"会被标注为组织名，"加州"会被标注为地名。这在信息抽取、知识图谱构建等任务中非常实用。

命名实体识别不仅需要识别常见的专有名词，还需要识别新出现的词汇，如iPhone，这种新名词刚出现时并不在传统词库中。小华会通过不断地学习和更新来适应语言的变化，确保命名实体识别的准确性和时效性。

命名实体识别的过程如图 7-10 所示。

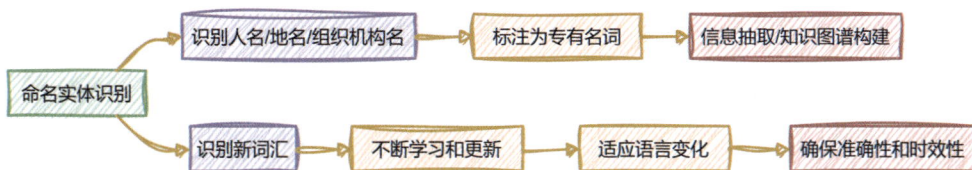

图 7-10

情感分析：读懂你的情绪

小华的另一个强大技能是情感分析。她能够分析文本的情感倾向，判断作者或说话的人的情绪是正面的、负面的还是中立的。这在社交媒体监控、客户反馈分析等方面被广泛应用。情感分析的相关知识点如图 7-11 所示。

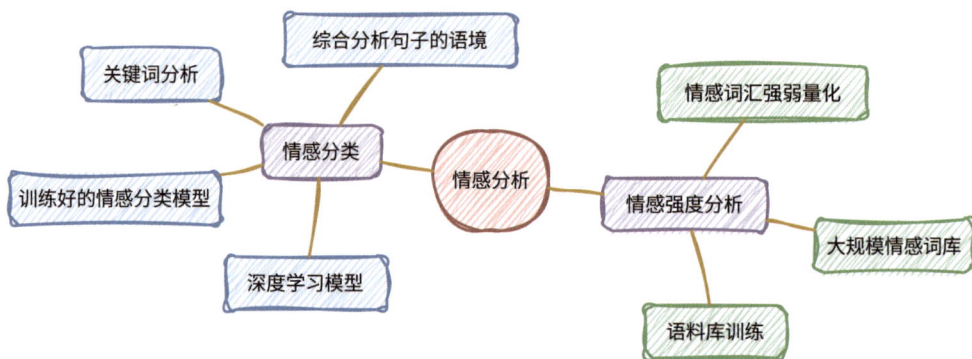

图 7-11

1）情感分类

情感分类是将文本划分为正面情感、负面情感或中立。通过训练好的情感分类模型，小华可以准确判断文本的情感倾向。

例如，某品牌希望了解用户对新产品的反馈情况。用户评论"这个产品太棒了！"会被判定为正面情感，而用户评论"这个服务太糟糕了。"则会被判定为负面情感。这样，品牌就可以迅速了解用户的总体满意度。

情感分类不仅依赖于关键词，还需要综合分析句子的语境。例如，"这真是太棒了！"和"棒极了！"都表示强烈的正面情感，但表达方式不同。小华会通过深度学习模型，识别各种表达方式和隐含情感，确保情感分类的准确性。

2）情感强度分析

除了判断情感倾向，小华还能分析情感的强度。即不仅知道情感是正面的还

是负面的，还能判断情感的强烈程度。

例如，某旅游网站对用户评论进行分析，以评估不同景点的受欢迎程度。评论"这个景点还不错。"表示正面情感，但强度较弱，而评论"这个景点真是美得令人窒息！"则表示强烈的正面情感。这可以帮助网站更好地推荐景点。

情感强度分析需要对情感词汇的强弱程度进行量化。例如，"喜欢"和"爱"都是正面情感词，但"爱"的情感强度更高。小华通过大规模情感词库和语料库训练，能够准确识别情感强度的差异，帮助企业更精准地了解用户情感。

小贴士：通过深入了解小华的文本处理和情感分析技能，你可以看到自然语言处理技术是如何让生活变得更加智能和便利的。从分词到词性标注，再到情感分类和情感强度分析，小华在各个领域展现了她的才华。

小华的应用场景：聊天机器人与翻译

在上一节中，我们了解了小华的文本处理和情感分析能力。现在，让我们看看小华的"魔力"在实际生活中的应用场景吧。今天的主角是聊天机器人和语气翻译器，这两个应用不仅可以让生活更加便捷，还可以让你感受到科技的温暖。

聊天机器人：全天候的智能伙伴

聊天机器人是小华最常见的应用之一。通过自然语言处理技术，小华可以理解用户的问题并给出智能的回答。这些机器人不仅可以解答常见问题，还可以进行复杂的对话，甚至具备情感识别能力。

1）客户服务

在客户服务领域，聊天机器人已经成为不可或缺的帮手。无论是在电商平台

还是银行机构中，聊天机器人都能够快速响应客户的询问，提供及时的帮助。

某电商平台使用聊天机器人处理客户的常见问题。例如，当用户询问"我的订单什么时候发货？"时，机器人可以通过接入后台系统来快速查找订单状态，并根据订单状态生成回复，如"您的订单预计明天发货，请耐心等待。"

为了实现这种智能对话，聊天机器人需要进行意图识别和槽位填充。意图识别是指机器人要理解用户的目的，如询问订单状态、退换货等。槽位填充则是提取用户话语中的关键信息，如订单号、商品名称等。这些技术让聊天机器人能够准确理解用户需求并给出回应。

2）智能助手

除了客服领域，智能助手也是聊天机器人的重要应用场景。智能助手可以帮助用户完成各种任务，如设定提醒、查询天气、播放音乐等。

例如，某智能音箱内置了小华的聊天机器人功能。用户只需说"播放周杰伦的歌曲"，智能助手就会识别用户的请求，并从音乐库中找到周杰伦的歌曲进行播放。

要实现这样的功能，聊天机器人需要具备自然语言理解和执行命令的能力。首先，机器人要通过语音识别技术将用户的语音转换为文本。然后，利用自然语言理解技术分析用户的请求，最后调用相应的服务来执行任务。这一系列流程的背后都有小华的智能算法在默默工作。智能助手工作流程如图 7-12 所示。

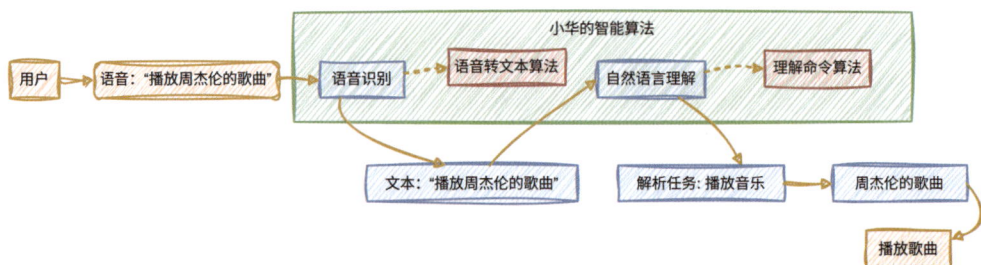

图 7-12

语言翻译器：跨越语言的鸿沟

语言翻译是小华的另一项强大技能。通过自然语言处理技术，小华可以将一种语言转换为另一种语言，打破语言障碍，实现跨文化交流。

1）在线翻译

在线翻译工具是小华最广泛的应用之一。无论是旅游、商务还是学习，在线翻译工具都能提供即时、准确的翻译服务。

例如，某翻译软件使用了小华的技术，用户只需输入文本或语音，软件就能即时翻译成目标语言。例如，用户输入"Hello, how are you?"，小华会迅速翻译为"你好，你怎么样？"

要实现高质量的翻译，需要依赖小华的机器翻译技术。这包括统计机器翻译（SMT）和神经机器翻译（NMT）两种方法。SMT 通过分析大量双语语料库来找出源语言和目标语言之间的对照关系。而 NMT 则通过深度学习模型来理解上下文，生成更自然、流畅的译文。小华结合这两种技术，不断优化翻译效果，提供更准确的翻译服务。

2）实时语音翻译

实时语音翻译是小华更具挑战性的应用。它不仅需要进行语音识别和翻译，还要保证速度和准确性。

例如，在国际会议上，某实时翻译设备使用了小华的技术，实现即时语音翻译。当发言人说出"Welcome to the conference"时，设备会即时翻译成"欢迎参加会议"，并通过耳机传递给听众。

实时语音翻译需要多项技术的协同工作。首先，语音识别技术将发言人的语音转换为文本，然后，利用机器翻译技术将文本翻译为目标语言，最后，通过语音合成技术，将译文转换为语音播放。整个过程需要在极短的时间内完成，并确

保翻译的实时性和准确性。

23　我的创意伙伴：计算机视觉小强

在我们探索了自然语言处理小华的语言天赋后，现在我要介绍另一位超级厉害的朋友小强——计算机视觉。小强可不是一般的伙伴，他拥有一双"火眼金睛"，能够识别图像、理解视频内容，甚至创作艺术作品！无论是在自动驾驶、医疗影像分析，还是图像搜索方面，小强都展现了他的创意与智慧。

小·强的视觉技能：图像识别与图像生成

现在让我们深入了解小强的视觉技能。

图像识别：看见并理解

图像识别是小强最基础也是最重要的技能之一。通过图像识别，小强能够从图像中提取有用信息，理解图像的内容。这项技能在很多实际应用中被广泛使用。

1）物体识别

物体识别是图像识别的一个重要方面。小强可以识别图像中的各种物体，并

标注它们的位置和种类。

　　小强用了一个叫作"卷积神经网络"（Convolutional Neural Network，CNN）的超级工具来学习怎么识别物体。这个工具的工作方式有点像你的眼睛，一步步看清物体的细节。

> ★　第一层：看轮廓。CNN 开始工作时会大概看一下图片中物体的轮廓和边缘。
>
> ★　第二层：看细节。接着，它会仔细查看这些轮廓中有什么特别的形状和颜色。
>
> ★　第三层：认东西。最后，根据它学到的知识，CNN 就能识别出这个物体是什么，比如是小猫还是小狗。

　　为了让小强学会识别物体，我们需要给它看很多的图片，并告诉它每张图片上的东西是什么。比如，给它看一张小狗的图片并告诉它："这是小狗。"这样，看多了以后小强就知道小狗长什么样了。

　　在自动驾驶中，小强通过摄像头捕捉道路上的图像，识别汽车、行人、交通标志等信息，帮助车辆安全行驶。例如，当自动驾驶汽车前方出现行人时，小强能迅速识别并发出警报或控制车辆减速，确保行人安全。

2）面部识别

　　面部识别是图像识别的另一项重要技能。小强能够通过分析面部特征识别人脸并进行身份验证。

（1）面部识别的过程。

　　小强在看人脸的时候，就像我们看朋友一样，会注意眼睛、鼻子、嘴巴这些重要部位。它不仅仅看这些部位在哪里，还会看它们是什么形状。比如，眼睛是大大的还是小小的，鼻子是高高的还是扁扁的。在计算机的世界里，这些部位的位置和形状都被叫作"特征"。小强会观察很多人的脸并记住他们的特征，就像

我们记住朋友的长相一样。

要记住这么多人的脸可不容易，对吧？所以小强有一个聪明的方法，就是给每张人脸做一个特别的记号，这个记号叫作"面部特征向量"。你可以想象这个记号就像是一个密码，每张人脸都有一个独一无二的密码。这个密码是由很多数字组成的，每个数字都代表脸上的一个特征。比如，第一个数字代表眼睛的大小，第二个数字代表鼻子的高低，等等。这样，小强只需要记住这个密码，就可以知道这个人是谁了。

当小强看到一张新的人脸时，它会先给这张人脸设置一个密码（面部特征向量）。然后，它会把这个新密码和已经识别的人脸密码做对比，看看有没有相同的密码。就像我们有时候会遇到长得很像的人，但是仔细一看还是有区别的。小强也会比较这些密码，看看它们是不是完全相同。如果完全相同，那么说明这个人就是已经知道的那个人。

通过这样的方法，小强能够准确识别出每个人的脸。无论是在照片、视频还是现实生活中，它都能迅速地告诉我们这个人是谁。这就是面部识别的魅力所在！

面部识别的过程如图 7-13 所示。

图 7-13

（2）面部识别的挑战。

面部识别的挑战在于应对不同光照、表情和角度的变化。为了提高识别准确率，小强使用了多层卷积神经网络，通过大量的面部图像进行训练，学习各种变

化下的面部特征。例如，在不同光照条件下，面部特征的对比度会发生变化，而小强通过学习能够识别这些变化，保持高精度的面部识别。

（3）面部识别的应用。

在安防系统中，小强能够通过摄像头捕捉人脸图像并进行身份验证，确保只有授权人员才能进入。例如，在一些高安全性的场所中，如银行、政府机关，面部识别系统可以代替传统的门禁卡，实现更加便捷、安全的身份验证。

3）图像分类

图像分类就是把图像分到预先定义好的类别中。小强能迅速、准确地完成这个任务，帮助我们更好地管理和利用视觉信息。

在医疗影像分析方面，小强能对医学图像进行分类，辅助医生诊断疾病。比如，它能对 X 光片、CT 扫描图像进行分类，识别出肺炎、肿瘤等疾病，提高诊断的准确度和效率。

图像分类常用深度学习中的 CNN 来训练。通过大量已标注的医学图像数据，小强能学到不同疾病的特征，实现高效的图像分类。训练时，模型会不断优化参数，提高分类准确度。

在训练图像分类模型的过程中，有两个非常重要的步骤：数据预处理和数据增强。

数据预处理就像是给图像做"标准化"的过程。想象一下，如果我们给模型看的图像大小不一，颜色深浅也不一，那模型就会感到困惑，不知道应该怎样分类。所以，我们需要对图像进行一些处理。比如，缩放图像，让它们有相同的尺寸；归一化，让图像的颜色范围保持一致。这样，模型就能更容易地理解图像了。

数据增强就像是给模型提供更多的"练习题"。如果只给模型提供很少的图像，那它可能只能学会识别图像，遇到新的图像就不"认识"了。所以，我们可

以通过一些操作，如随机旋转、裁剪、翻转等，生成更多的图像样本。这样，模型就能看到更多的"练习题"，学会识别更多的图像，提升泛化能力。

图像分类模型的思维导图如图 7-14 所示。

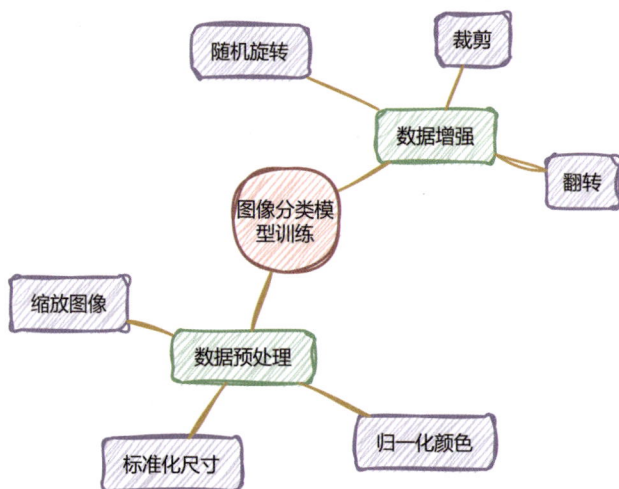

图 7-14

小强就是用这些技术来确保他的分类模型在面对不同的图像时都能表现得很优异。

图像生成：从无到有的创造

除了图像识别，小强还具备图像生成能力。通过生成对抗网络（Generative Adversarial Network，GAN）等技术，小强能够从无到有地创造新的图像，甚至是艺术作品。

1）图像生成

在艺术创作方面，小强的能力很强，能创作出风格独特的画作。比如，他可以通过生成对抗网络技术，学习和模仿不同艺术家的画风，之后创作出有自己特色的艺术作品。这种技术对艺术家和设计师来说，就像是新的灵感源泉和创作帮手。

GAN 由两部分组成：一部分是生成器，负责画图像；另一部分是判别器，负责判断图像是真的还是假的。它们就像是在做游戏，生成器不断尝试根据一些随机信息画出图像，而判别器则努力分辨这些画出来的图像和真实的图像有什么不同。生成器的目标是想办法"骗过"判别器，让它觉得自己画的图像是真的；而判别器的目标是不断提升自己的辨别能力，找出图像虚假的地方。就这样，它们像"猫捉老鼠"一样，不断较量，这也导致生成器画出的图像越来越逼真。整个创作过程如图 7-15 所示。

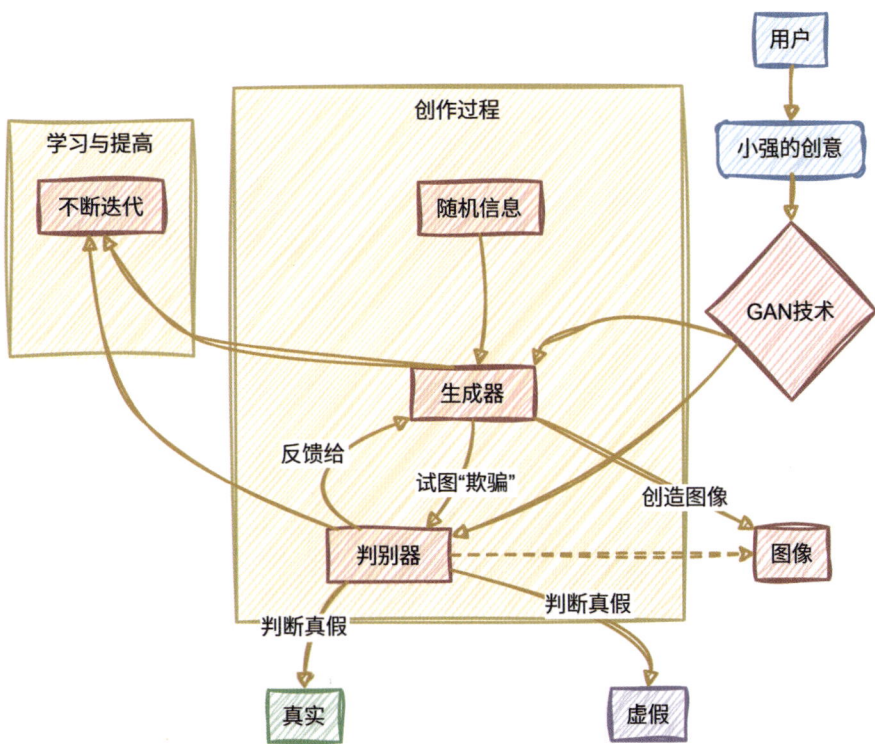

图 7-15

2）图像修复

图像修复是指对破损或模糊的图像进行修复，使其恢复原有的清晰度和完整性。

例如，通过图像修复技术，小强能够将一张百年前的破损照片修复成高清图像，在保留历史的同时，让我们更好地欣赏和研究历史资料。

图像修复技术依赖于深度学习中的图像补全算法。小强通过学习大量完整的图像数据，掌握图像结构和纹理特征，在修复过程中，能够根据周围像素的信息，合理补全缺失部分，从而实现高质量的图像修复。

图像修复的挑战在于复杂背景和细节的还原。小强通过使用 U-Net 等深度学习模型，能够有效捕捉图像中的局部特征和全局特征，实现精细的修复效果。U-Net模型通过编码器和解码器结构，逐步恢复图像的细节，使得修复后的图像看起来更加自然、真实。

（1）编码器（Encoder）。

想象一下，你有一个秘密信息想要告诉你的朋友，但是不希望别人知道。于是，你决定用一个特别的方法把这个信息"藏起来"。这个"藏信息"的过程，就像编码器的工作过程一样。

编码器的作用如下。

★ 转换信息：编码器就像是一个魔术师，它可以把你的秘密信息（如一句话、一个图片或一段视频）"变"成一种特别的形式，这种形式别人不容易看懂，但是你的朋友知道怎样把它"变"回来。

★ 压缩信息：有时候你的信息很"大"，直接告诉朋友会很麻烦。编码器还会帮忙把信息"变小"，这样传输起来就更方便了。就像把你的一堆书压缩成一个文件包，这样携带起来就方便多了。

例如，你想告诉朋友你喜欢吃苹果，你可以不说"我喜欢吃苹果"这几个字，而是用数字"123"来代替，这里"123"就是"我喜欢吃苹果"的编码。编码器就是进行数字转换的机器或方法。

（2）解码器（Decoder）。

当你的朋友收到你用编码器"藏起来"的信息时，他需要一个工具来把这个信息"变"回原来的样子，这个工具就是解码器。

解码器的作用如下。

★ 还原信息：解码器就像是一个解密高手，它能够读懂编码器转换后的特别形式，之后把它"变"回原来的信息。这样，你的朋友就能知道你想告诉他的秘密是什么了。

★ 解压缩：如果信息被编码器压缩了，那么解码器还会帮忙把它"展开"，恢复成原来的大小。

继续上面的示例，当你的朋友收到数字"123"时，他将使用解码器解码，解码器会告诉他这个数字代表的是"我喜欢吃苹果"。

信息的编码和解码过程如图 7-16 所示。

图 7-16

小贴士：编码器和解码器就像是一对好朋友，一个负责把信息"藏起来"并"变小"，另一个负责把信息"找回来"并"变大"。这样，我们就可以更安全、方便地传递秘密信息了。

3）图像风格迁移

图像风格迁移，简单来说，就是把一幅画的风格"转移"到另一幅画上，创

195

造出全新的艺术效果。比如，小强可以把梵高的画风"迁移"到你的画上，让你的画看起来就像梵高的作品一样。

要想实现这种风格迁移，小强会用到 CNN 技术和深度学习模型。他会先学习很多艺术作品和画作的特点，然后把艺术作品的风格特点提取出来，应用到新的图像上。

在这个过程中，小强要确保两件事：一是原图像的内容不变，二是要合理地加上新的艺术风格，这样才能生成既有独特艺术效果又保持原图像内容的图像。

要做到这两点，小强需使用预先训练好的 VGG 网络，提取图像的内容和风格特点，找出最好的图像生成方法，实现风格迁移。

（1）什么是 VGG 网络？

VGG 网络是一种深度卷积神经网络，是图像风格迁移的重要工具。它的全称是"Visual Geometry Group"，由牛津大学的研究团队开发。它通过一层一层地对图像进行处理，从而提取出图像的各种特征。

（2）VGG 网络是怎么工作的？

第一步，VGG 网络会用一种叫作"卷积层"的东西来观察图像的细节，如边缘和颜色。这个过程就像你用放大镜看一幅画，能看到更多细小的地方。

接下来，它会用"池化层"来筛选重要信息，忽略不重要的部分。这就像你在画画时，先画出主要轮廓，再细化细节。

最后，VGG 网络的每一层都会做类似的事情，但每一层都能对图像观察得更深、更仔细。这就像你画画时，一遍一遍地修改，让画变得越来越好看。

小贴士： 通过了解小强的图像识别与生成技能，我们可以看到计算机视觉技术是如何让人类的生活变得更加智能和丰富的。从物体识别到面部识别，再到图像生成和修复，小强在各个领域展现了他的才华和创造力。无论是自动驾驶、医疗影像分析，还是艺术创作，小强都在背后默默地发挥着他的价值。

语义分割：从像素级别理解图像

小强不仅能对图像中的物体进行识别，还能精确到每个像素，并对其进行分类。这种技能叫作"语义分割"。想象一下，对于一幅图像不仅能识别出其中的一只猫，还能把这只猫的每一根毛发都精准地标记出来。语义分割正是这样一种神奇的技术，它能够让计算机在像素级别上理解图像内容。

语义分割的应用领域

语义分割的应用领域如下。

★ 自动驾驶：在自动驾驶中，车辆需要精确识别道路、行人、其他车辆等，语义分割可以帮助车辆做出更精准的决策。

★ 医疗影像分析：通过语义分割技术，小强可以将医学影像中的不同组织或病灶区域标记出来，辅助医生进行诊断。

★ 虚拟现实和增强现实：在虚拟现实和增强现实中，语义分割可以帮助系统更好地理解和处理现实世界的场景。

语义分割的技术方法

全卷积网络（FCN，Fully Convolutional Network）是一种用于图像处理的计算机程序，它可以帮助我们理解图像中的每部分。想象一下，如果你有一张带

有动物的图像，FCN 可以指出哪里是猫，哪里是狗，甚至可以指出哪里是草地，哪里是天空。

FCN 的工作原理如下，如图 7-17 所示。

1）卷积层的"魔法"

首先，我们要了解一个叫作"卷积层"的东西。卷积层就像是一个小窗口，它会滑过图像的每个角落，查看那里的颜色和形状。它能学会识别不同的图案，如直线、曲线或更复杂的形状。这些卷积层是一起工作的，就像是一群侦探，它们一起找出隐藏在图像中的秘密。

2）无须全连接层

在传统的图像识别系统中，最后一部分叫作"全连接层"，它会先把所有信息挤成一堆，再决定整幅图像是猫还是狗。但 FCN 不这么做，它保留了所有部分的信息，这样就能知道图像中的每个像素属于什么。

3）上采样（Upsampling）

FCN 还有一个神奇的技巧叫作"上采样"。当卷积层完成它们的工作后，图像中的信息可能会变得很小，就像是缩小版的地图。为了找回原来的大地图，FCN 使用了上采样方法，它就像是放大镜，把小地图放大到原来的尺寸，同时保留它刚刚学到的所有知识。

4）每个像素的分类

最后，FCN 会对放大后的图像上的每一个点（像素）进行分类，告诉你它是草地、天空还是动物。这就像是给每个像素穿上不同颜色的衣服，这样你就能一眼看出每个地方是什么了。

想象一下，你有一幅公园的图像，里面有树、草、天空和一片湖。如果用 FCN 处理这幅图像，它会生成一个新的彩色图像，每个位置的颜色代表不同的东西。

★　绿色代表草地。

★　蓝色代表湖水。

★　棕色代表树干。

★　蓝色代表天空。

这样，你就有了一个像拼图一样的彩色地图，它清楚地展示了图像中的每部分是什么。

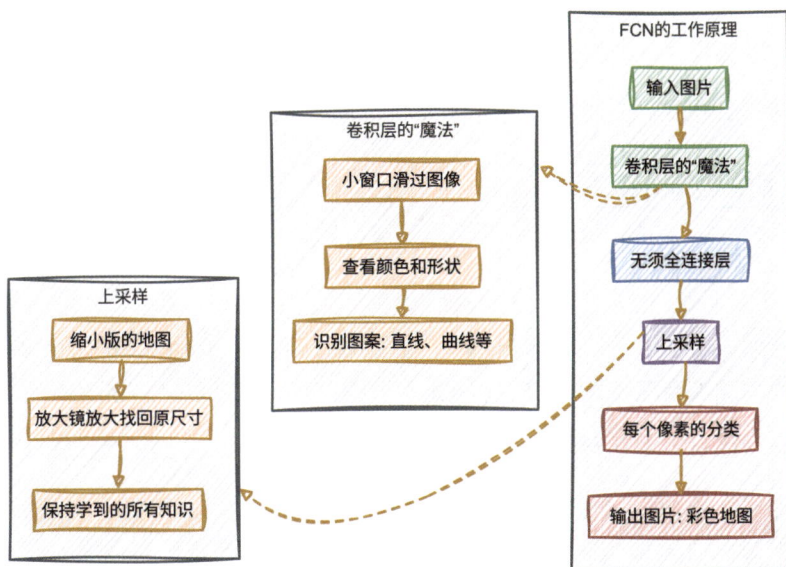

图 7-17

小贴士：FCN 是一种非常厉害的工具，它可以让电脑理解图像的每一部分，就像你在玩拼图游戏一样，每个小块都有属于它的位置和意义。这就是FCN的"魔法"，它帮助我们以一种全新的方式理解和使用图像！

3D 视觉：从二维图像到三维世界的探索

在日常生活中看到的图像大多是二维的，如照片、视频。然而，人类世界是三维的，如何从这些二维图像中理解和重建三维世界，是计算机视觉领域中的一个令人激动的研究方向。

什么是 3D 视觉

3D 视觉是指计算机通过分析二维图像来理解和重建三维空间结构的技术。就像你能够通过双眼观察世界，感知物体的深度和距离一样，计算机也能够通过分析图像中的线条、阴影和颜色等信息，推断出物体的三维形状和位置。

3D 视觉的基本原理

1）立体视觉

立体视觉是通过两幅不同角度的二维图像来感知三维信息的技术。我们的双眼看到的画面稍有不同，大脑通过比较这两幅画面的差异来感知深度。计算机也是这样的，通过分析左右两幅图像之间的差异（视差）来重建三维场景。

2）深度感知

深度感知是指计算机通过摄像头或传感器获取物体与摄像头之间的距离信息。常用的方法包括激光雷达（LiDAR）和深度摄像头。这些设备能够直接测量物体的距离，生成一个包含深度信息的图像（深度图）。

3）多视图几何

多视图几何是通过多张不同角度的图像来推断三维结构的技术。通过从不同角度拍摄物体，计算机可以分析图像中的特征点，并利用数学模型重建物体的三维形状。

3D 视觉的应用

1）增强现实和虚拟现实

在增强现实和虚拟现实中，3D 视觉技术用于生成和显示三维场景。通过跟踪用户的位置和视角，系统可以实时调整显示内容，使用户感受到沉浸式的虚拟体验。例如，AR 游戏可以将虚拟物体叠加到现实场景中，而 VR 设备可以使用户在虚拟世界中自由探索。

2）自动驾驶

自动驾驶汽车需要实时感知周围环境，3D 视觉技术在其中扮演了重要角色。通过摄像头和激光雷达，汽车能够识别道路、车辆、行人等信息，并根据这些信息进行决策和驾驶。例如，当车辆前方有障碍物时，系统可以及时做出刹车或避让的动作，确保行车安全。

3）机器人导航

在机器人导航中，3D 视觉技术可以帮助机器人理解和感知环境，使其避开障碍物，找到路径。例如，家用扫地机器人通过摄像头和传感器来生成家庭环境的三维地图，从而高效地清扫房间。

小强的应用场景：自动驾驶与智能监控

准备好再一次被小强震撼了吗？这次让我们来看看小强在自动驾驶和智能监控这两个高科技领域的表现。

自动驾驶：让车辆成为超级英雄

1）环境感知：小强的"千里眼"

小强的第一个绝技就是环境感知。例如，当你的自动驾驶汽车在公路上飞驰

时，前方突然出现了一个行人。别担心，小强会迅速识别出这是行人，并及时发出警报或者让汽车减速停车。小强的眼睛可不是普通的眼睛，它是"超级眼睛"，能在各种天气和光照条件下保持高精度的识别。

2）物体检测与追踪：小强的"鹰眼"

小强的另一个超能力是物体检测与追踪。就像鹰眼一样，小强能够锁定并追踪道路上的动态物体，如行人、其他车辆等。

想象一下，你的自动驾驶汽车正在市区内行驶，突然前方有个小朋友追着球跑进马路。小强的"鹰眼"会迅速捕捉这一幕，预测小朋友的运动轨迹，并立即做出避让决策，确保每个人的安全。小强可真是出行道路上的"守护神"啊！

3）决策与控制：小强的"大脑"

当然，光有眼睛还不够，小强还需要一个聪明的大脑来做出正确的驾驶决策。小强能够通过学习大量驾驶数据，做出加速、减速、变道和转弯等操作，就像一个驾龄很长的司机一样。

例如，当你正在高速公路上行驶，遇到前方慢车时，小强会判断是否可以安全变道并超车。小强的大脑不仅会考虑当前车道的情况，还会综合分析周围车道的车辆动态，确保每次变道都安全可靠。开车这么复杂的事情，小强可以轻松搞定！

智能监控：让世界更安全

1）实时视频监控：小强的"千里眼"再现

在智能监控系统中，小强的"千里眼"再一次大显身手。通过监控摄像头，小强能够实时分析视频内容，识别异常行为，提供安全警报。

想象一下，你正在火车站等车，小强通过摄像头监控整个站台的情况。一旦检测到有人遗弃可疑行李，小强会立刻发出警报，并通知安保人员前去检查。这种细致入微的监控能力，大幅提升了公共场所安全。

2）人脸识别与身份验证：小强的"火眼金睛"

小强的另一个绝技是人脸识别。就像孙悟空的火眼金睛一样，小强能够通过摄像头识别人脸，进行身份验证。

例如，在机场的安检口，小强通过摄像头扫描每位旅客的面部，并与数据库中的信息进行比对。只需一秒钟，小强就能确认旅客身份，使其快速通行。如此高效的识别能力，使出行更加便捷，也让坏人无处藏身。

3）行为分析与预测：小强的"预言家"技能

最后，小强还有一个"预言家"技能——行为分析与预测。小强不仅能识别当前行为，还能预测未来行为，提前预防安全隐患。

例如，在校园安防系统中，小强通过摄像头来监控学生的行为。如果发现有学生在教学楼屋顶边缘行走，那么小强会预测到潜在危险，并及时通知校方采取措施，防止意外事故的发生。小强真是校园里的"安全卫士"！

小贴士： 通过小强在自动驾驶和智能监控中的出色表现，我们看到了计算机视觉技术的强大力量。无论是让车辆变成超级英雄，还是让世界变得更加安全，小强都展现了他的卓越技能。让我们一起期待小强在未来的更多应用吧！

R-CNN、Fast R-CNN 和 Faster R-CNN：目标检测的进化之路

在计算机视觉的世界中，目标检测是一项重要任务，它的目标是找到图像中的特定物体，并标注它们的位置。这项技术被广泛应用于自动驾驶、安防监控等领域。为了让计算机能够准确、高效地完成这一任务，科学家们编写了许多优秀

的算法，其中最具代表性的就是 R-CNN、Fast R-CNN 和 Faster R-CNN。这三者的进化过程，展示了目标检测技术的进步与突破。

R-CNN：目标检测的初步探索

R-CNN（Region-based Convolutional Neural Network）是由 Ross Girshick 等人在 2014 年提出的一种目标检测算法，它开创性地将 CNN 引入目标检测任务中。R-CNN 的核心思想是先从图像中提取出一系列候选区域（Region Proposals），再对这些区域分别进行分类和位置调整。

R-CNN 的工作原理如图 7-18 所示。

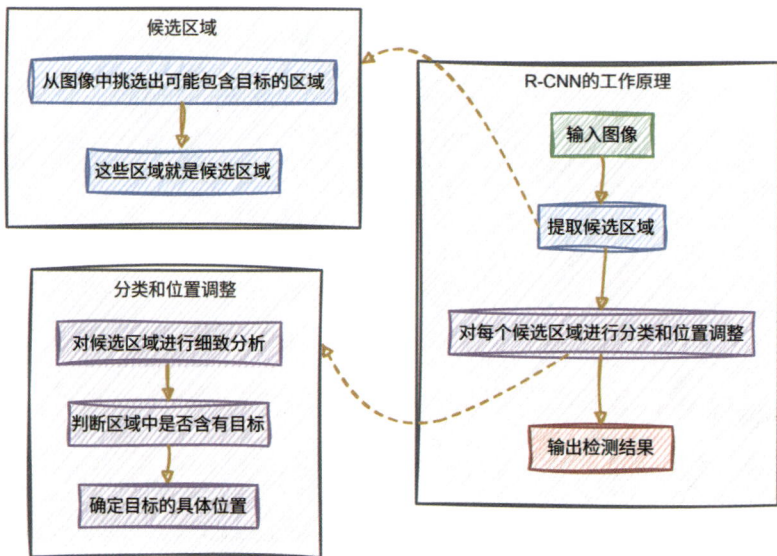

图 7-18

简单来说，候选区域就是从一幅图像中挑选出来的、可能包含我们要检测的目标（如人、动物、汽车等）的那些区域。

想象一下，你有一张照片，照片中包含很多东西，如人、树、房子。你如果想找出照片中所有的人，那么可能会先圈出几个你认为可能含有人的位置，这些

位置就是你认为的"候选区域"。

在 R-CNN 算法中，也是这样做的。算法会先自动地从图像中挑选出一些它认为可能含有目标的区域，这些就是候选区域。然后，算法会对这些候选区域进行更细致的分析，如判断这个区域中是不是有一个人，以及这个人的具体位置在哪。

虽然 R-CNN 算法显著提高了目标检测的准确性，但其计算效率较低，因为每个候选区域都需要单独通过卷积神经网络进行特征提取。

Fast R-CNN：效率的提升

为了提高 R-CNN 算法的效率，Ross Girshick 在 2015 年提出了 Fast R-CNN 算法。Fast R-CNN 算法对 R-CNN 算法进行了改进，使得目标检测的速度得到了显著提升。Fast R-CNN 算法的工作原理如图 7-19 所示。

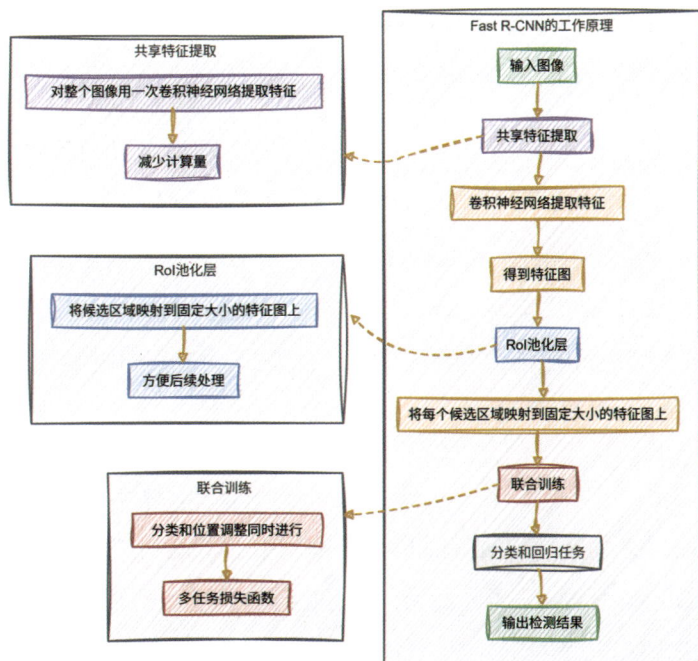

图 7-19

Fast R-CNN 的主要改进点如下。

第一个改进是"共享特征提取"。在原来的 R-CNN 算法中,对每个候选区域都要单独用卷积神经网络提取特征,这样做计算量很大。但 Fast R-CNN 算法先对整个图像用一次卷积神经网络提取特征,再从这些特征中找出候选区域。这样,计算量就大大减少了。

想象一下,你有一张堆满了各种物品的杂乱房间的照片,你想找出照片中所有的书。原来的算法会对每样物品都单独看一遍,判断它是不是书,这样做非常耗时。但 Fast R-CNN 算法会先对整个房间快速扫视一遍,记住所有物品的大致特征和位置,再从这些特征中挑出可能是书的物品仔细检查。这样,就不用每样物品都看那么久了,大大提高了效率。

第二个改进是"RoI 池化层"。Fast R-CNN 算法提取完整图像的特征后,会得到一个特征图。但是,每个候选区域的大小和形状是不同的,这怎么办呢?Fast R-CNN 算法中引入了一个叫作 RoI 池化层的东西。这个层的作用就是把每个候选区域都映射到一个固定大小的特征图上,这样后续处理起来就方便多了。

想象一下,你有一堆大小不一、形状各异的拼图碎片,每个碎片上都有一部分图像特征。现在,你想用这些碎片拼出一个完整的图像,但是碎片的大小和形状都不一样,很难直接拼在一起。这时候,这个叫作"RoI 池化层"的工具就派上用场了。这个工具可以把每个碎片都"变形"成统一的大小和形状,就像把它们都放进一个标准的拼图框里一样。这样,你就可以轻松地用这些变形后的碎片拼出一个完整的图像了。

第三个改进是"联合训练"。在 Fast R-CNN 算法之前,目标检测通常要分成两个步骤:分类和调整位置。但 Fast R-CNN 算法把这两个步骤合并了,用一个网络同时做分类和回归任务。而且,它还用了一个多任务损失函数来训练这个网络,这样模型的准确性和效率都会得到提高。

想象一下，你是一位摄影师，正在参加一个摄影比赛。在以前的比赛中，你通常需要分两步来完成一张照片的处理：首先确定照片的主题（分类），然后调整色彩、亮度等细节来让照片变得更完美（回归）。但是，这样分步进行很耗时，而且有时候在调整细节时会影响你对照片主题的判断。现在，你学到了一个新的技巧，叫作"联合训练"。这个技巧让你能够同时考虑照片的主题和细节调整。而且，你还发明了一个特别的评估方法，叫作"多任务损失函数"，它能够同时考虑照片主题分类的准确性和细节调整的完美度，为你提供一个整体的训练反馈。

Faster R-CNN：速度与精度的完美结合

尽管 Fast R-CNN 算法显著提高了目标检测的效率，但候选区域的生成仍然是一个瓶颈。为了解决这一问题，Shaoqing Ren 等人在 2016 年提出了 Faster R-CNN 算法，它将候选区域的生成过程整合到神经网络中，实现了更快的目标检测。

Faster R-CNN 算法的一大创新就是它用了一个叫作"区域建议网络"（RPN）的东西。它的工作原理如图 7-20 所示。

1）生成候选区域

首先，和 Fast R-CNN 算法一样，整幅图像会被一个卷积神经网络处理，得到一个包含图像所有信息的"共享特征图"。

接着，RPN 就上场了。它会在共享特征图上滑动，就像一个小窗口一样，生成一些可能的候选区域，这些区域可能是图像中的目标。RPN 很聪明，它一边生成候选区域，一边调整区域的边界框，以便更准确地框住目标。

想象一下，你正在看一张满是物品的照片，书桌上堆满了书、笔、笔记本等。现在，你想找出这张照片中所有的书。

这时，RPN 就像是一个带有放大镜的小机器人，它开始在照片上滑动，就像一个小窗口一样，仔细地查看每个角落。每当它发现可能是一本书的地方，就会圈出来，就像用彩笔在照片上画个框，然后说："嘿，这里可能是本书！"

但这个小机器人很聪明，它不仅会画圈，它还会根据书的形状、大小来调整边界框，确保边界框正好可以把书框在里面。这样，它就可以更准确地找到并标记出照片里的所有书了。

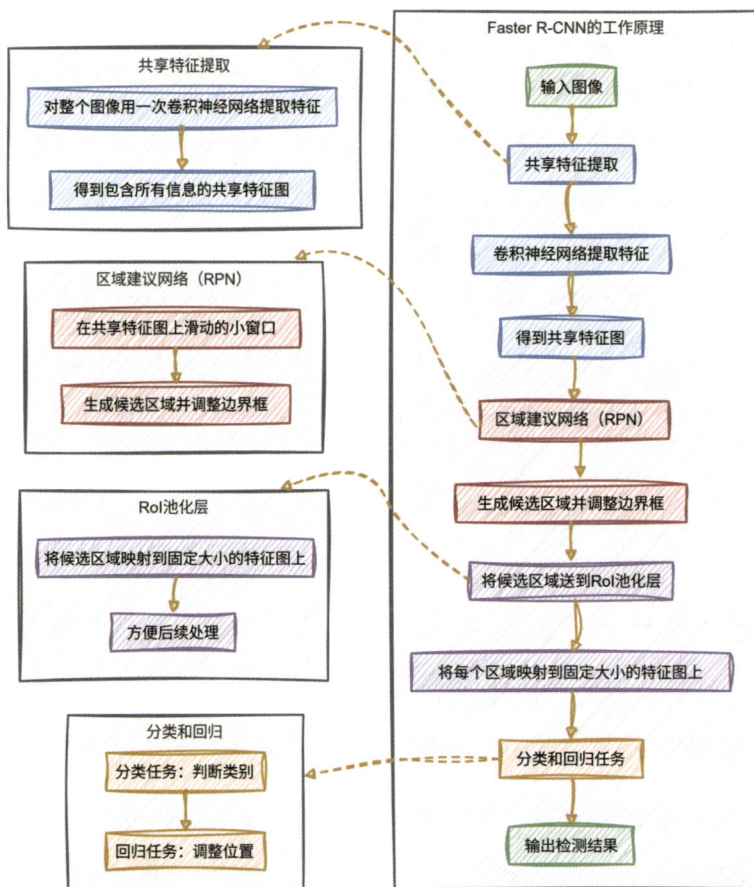

图 7-20

2）将候选区域送到 RoI 池化层

想象一下，那个小机器人（RPN）已经在照片上圈出了很多可能是书的地方，并且把边界框调整得刚刚好，每一本书都被框在了里面。

现在，这些被框出来的候选区域就像是已经被初步筛选出来的"书的候选人"。

但是，这些候选人的形状和大小都不一样，有的大有的小，有的横着有的竖着。

接下来，就需要 RoI 池化层这个"标准化处理器"上场了。它会把这些形状各异、大小不同的"书的候选人"都放到一个统一的"模板"中，就像把不同尺寸的照片都裁剪成同样大小的证件照一样。

这样，不管原来的候选区域是什么形状、什么大小，经过 RoI 池化层处理后，都变得一样大了。这样后续处理起来会更加方便，就像是处理一堆大小相同的证件照，这比处理一堆形状各异、大小不同的照片要简单得多。

3）分类和回归

最后，就是分类和回归的任务了。在共享特征图上，对这些已经提取出来的特征进行分类和回归，就能得到最终的目标检测结果啦！

想象一下，那些"书的候选人"已经经过了 RoI 池化层的处理，现在它们都被标准化成了同样大小的"证件照"。这就像是一个经验丰富的图书管理员，他看了一眼这些"证件照"，就能迅速判断出每张照片里的书是什么类型（分类），并且还能准确地给出每本书的具体位置（回归），如这本书在照片的哪个角落，占了多少面积等。这样，经过分类和回归的处理后，我们就能得到最终的目标检测结果啦！就像图书管理员给出了一份详细的书籍清单和位置图，我们能清楚地知道照片里有哪些书，以及它们的位置。

第 8 章

我的语音伙伴：语音识别与合成

在本章中，我将介绍语音识别与合成这两位强大的伙伴。通过语音识别技术，我能够理解并转换你的语音指令，将其转化为文本内容；而语音合成技术能帮助我将文本信息用自然的声音输出。无论是语音助手、智能客服，还是翻译系统，这两位伙伴都能让我以更自然、便捷的方式与你沟通，同时提升你的日常体验和工作效率。

大数据

24 语音识别的基本原理

欢迎来到语音识别的世界！在这一节中，我们将揭开语音识别技术的神秘面纱，了解它是如何让机器"听懂"人类语言的。

语音识别是一项让机器能够将语音信号转换为文字的技术。例如，你对着手机说了一句话，它立刻就把你说的话变成了文字，这背后有着许多复杂的技术和原理。

声音的数字化处理：从声音到数据

语音识别的第一步是将声音转换为计算机能够处理的数据。这个过程就像我们用录音机录下声音一样，之后将这些声音转换为数字信号。声音转换为数字的过程如图 8-1 所示。

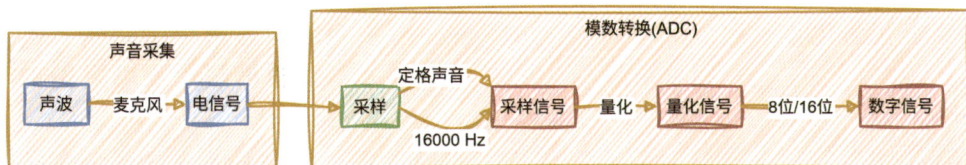

图 8-1

声音的采集

声音的采集是整个过程的起点，我们需要使用麦克风等设备来捕捉声音。麦克风将声波（即空气中的振动）转换为电信号。这个步骤就像用耳朵听声音一样，只不过这里是用麦克风来"听"。

模拟信号到数字信号的转换

采集到的电信号是模拟信号，必须将其转换为数字信号，这样计算机才能处

理。这一步称为模数转换（Analog-to-Digital Conversion, ADC）。具体来说，这个过程包括两个步骤：采样和量化。

1）采样：声音的定格照片

采样就像我们用照相机拍照片一样。假设，你在 1 秒钟内连续拍了 16000 张照片，每张照片都记录了那一刻声音的"样子"，这就是采样。采样率越高，记录的声音细节就越多，声音就越清晰。

想象一下，你在拍摄一场篮球比赛。你如果每秒拍 16 张照片，那么可能只能看到运动员在不同位置的模糊影像。你如果每秒拍 16000 张照片，那么可以清晰地看到运动员每一个动作的细节。同样地，1 秒钟采样 16000 次声音信号（即16000Hz 的采样率），可以捕捉到声音的所有细微变化，保留更多的声音细节。

2）量化：把照片像素化

想象一下，你在拍照时每一张照片中的颜色都是连续变化的，而这些连续的颜色需要变成计算机能够理解的数字。这就像把照片变成由许多小方块组成的像素图一样，每个小方块都有一个固定的颜色值。不同的颜色值如图 8-2 所示。

图 8-2

如果我们用 8 位的量化，那么每个颜色值都可以有 256 种不同的可能性（2 的 8 次方），这就像是老式的电子游戏中的像素画，颜色比较粗糙，因为每个像素的颜色选择较少。

如果我们用 16 位的量化，那么每个颜色值都可以有 65536 种不同的可能性（2 的 16 次方），这就像是现代的高清照片，颜色更细腻、逼真，因为每个像素的颜色选择更多。

在声音处理上也是一样的，8 位量化可以表示 256 个不同的振幅值。振幅值可以简单理解为声音的"响度"。当你说话或唱歌时，声音会时大时小，这就是

振幅在变化。振幅越大，声音就越响；振幅越小，声音就越弱。因此，8 位量化就像用少量的颜色来绘制一幅画一样，声音细节会少一些。16 位量化就像用更多的颜色来绘制一幅画一样，声音细节会更多，音质也会更好。

在量化过程中，我们需要把这些连续变化的振幅值（声音的响度）转换为计算机能理解的固定数值。这样，计算机就能处理和存储这些声音信号，最终实现对声音的识别和处理。

小贴士：我们通过量化把连续的声音信号转换为一系列离散的数值，这样计算机就可以理解和处理这些声音数据了。位数越高，表示的声音细节越多，音质也就越好。这就像是在为计算机"翻译"声音，让它能像我们一样"听懂"语言。

语音信号处理技术：拆解声音的秘密

语言识别的第二步是帮助计算机从录制的声音中提取有用的信息，去除不必要的噪音，就像把一团乱麻理清楚，让每根线都井然有序一样。

预处理：清理声音信号

就像我们在做一项工程之前要先清理工作现场一样，计算机也要进行预处理工作，预处理的目的是清理声音信号，使其更加纯净，以便后续处理。

1）去噪声

录制的声音信号中常常混杂着各种环境噪声，如风声、机器运转声、街道上的车辆声等。这些噪声会干扰我们对语音信号的处理和识别。为了获得更加清晰的语音信号，需要进行去噪处理。

去噪声的方法主要有以下三种。

（1）滤波器。

想象一下，你正在听一首美妙的音乐，但突然有一些刺耳的杂音响了起来，让你感觉很不舒服。这时候，你就可以用一个叫作"滤波器"的工具来帮忙。滤波器就像是一个音频门卫，它可以根据声音的频率（也就是声音的高低）来决定哪些声音可以进来，哪些声音要被挡在外面。

> ★ 低通滤波器：只允许频率较低的声音通过，把高频的杂音挡在外面。
>
> ★ 高通滤波器：和低通滤波器相反，只允许频率较高的声音通过，把低频的杂音挡在外面。

（2）谱减法。

谱减法就像是一个聪明的画家，他能够识别出一幅画的主要部分和背景，之后把背景去掉，只留下想要的部分。

在语音去噪中，这个画家会先分析出噪声的声音特点，也就是它的频谱。然后，它会从原始的语音信号中，把这个噪声的频谱去掉。这样，剩下的就是清晰无噪的语音了。

（3）自适应滤波器。

自适应滤波器是一个非常聪明的噪声消除器。它不仅能够去除噪声，还能根据环境的变化自动调整自己的工作方式。

想象一下，你正在一个嘈杂的咖啡馆里打电话，背景噪声很大。自适应滤波器就像是你的耳朵和大脑，它能够实时地分析出背景噪声的特点，并自动调整参数来去除这些噪声。无论咖啡馆里的噪声怎么变化，它都能快速适应，并为你提供清晰的通话体验。

2）预加重

预加重就是对语音信号进行处理，增强其中的高频成分。就像对一张照片进

行锐化处理，使得细节部分更加清晰一样。

小贴士：去噪声和预加重是语音信号处理中的重要步骤。去噪声技术可以清除录音中的环境噪声，获得更加纯净的语音信号；预加重处理可以增强高频成分，使语音信号更加清晰和均衡。

分帧与加窗：分解声音信号

声音信号是连续的，而计算机处理的是离散的数据。为了让计算机能够处理和分析声音信号，我们需要将连续的声音信号进行分帧和加窗处理。

1）分帧：将声音信号分成小片段

分帧是将连续的声音信号按固定的时间长度分成多个小段。这样可以使每小段的信号都保持稳定，以便后续处理和分析。

通常，我们会选择一个合适的时间长度，将声音信号分成多个帧。常见的分帧长度为 20 毫秒到 40 毫秒之间。例如，我们可以将声音信号每 25 毫秒分成一帧，这样可以方便地进行后续处理。

想象一下，你在看一部电影。电影是由一帧一帧的画面组成的，每秒钟可能包括 24 帧或更多。每帧的画面都相对稳定，连续播放这些帧就形成了动态的视觉效果。同样的道理，我们将声音信号分成多个帧，每一帧代表短时间内的声音。

2）加窗：平滑每帧的边缘

加窗是对每帧信号进行处理，使得帧的边缘信号逐渐减小到零，从而减少帧与帧之间的跳变。这样可以平滑帧的边缘，使得帧与帧之间过渡得更加自然。

在制作影片时，为了避免帧与帧之间的跳动感，电影制作者会在每帧之间添加过渡效果，使得画面更加平滑。加窗就类似于这种过渡效果，每帧的边缘信号

会逐渐减小，帧与帧之间的连接会更加自然。

加窗通常通过乘以一个窗口函数来实现。窗口函数在帧的开头和结尾逐渐减小，使帧的边缘信号逐渐减小到零。常用的窗口函数有汉明窗和汉宁窗，函数曲线如图 8-3 所示。

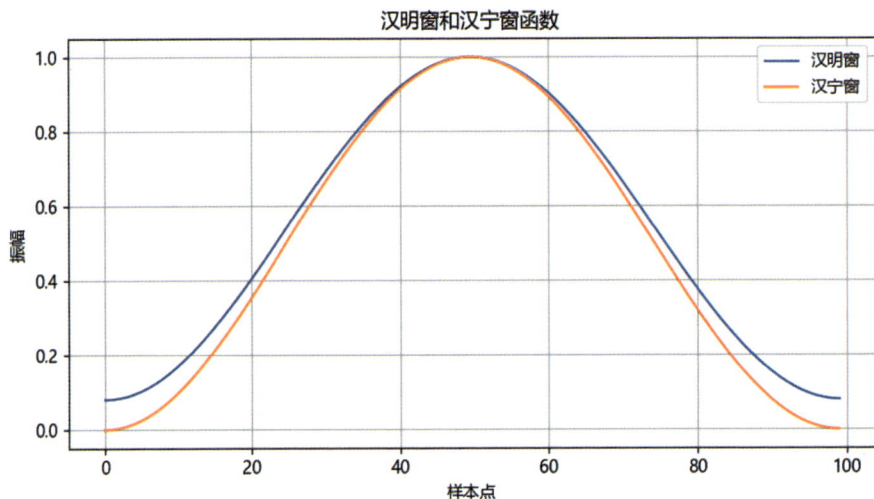

图 8-3

汉明窗是一种常用的窗口函数，它的形状类似于一个平滑的波形，在帧的两端逐渐趋向零。具体来说，汉明窗的计算公式如下。

$$w[n] = 0.54 - 0.46 \cos\left(\frac{2\pi n}{N-1}\right)$$

- ★ $w[n]$：窗口函数的值，表示当前样本点的权重。

- ★ N：帧的长度，即每帧包含多少个样本点。

- ★ n：当前帧中的样本点位置，从 0 到 $N-1$。

想象一下，你正在看一张从中心到边缘颜色逐渐变淡的照片。汉明窗的变化曲线就像这张照片一样，它使得每帧的中心部分信号强，边缘部分信号弱。这种处理方式可以让帧与帧之间的连接更平滑，就像是将两张照片的边缘逐渐融合，

不会有明显的突变。

汉宁窗的形状也类似于一个平滑的波形，但它在帧的两端减小得更快。具体来说，汉宁窗的计算公式如下。

$$w[n] = 0.5\left(1 - \cos\left(\frac{2\pi n}{N-1}\right)\right)$$

* ★ $w[n]$：窗口函数的值，表示当前样本点的权重。

* ★ N：帧的长度，即每帧包含多少个样本点。

* ★ n：当前帧中的样本点位置，从 0 到 $N-1$。

想象一下，你正在看一张从中心到边缘颜色加速变淡的照片。汉宁窗比汉明窗的过渡速度更快，在帧的边缘部分信号下降得更迅速。这种方式也能让帧与帧之间的连接变得平滑，但过渡区域较小。

小贴士： 分帧和加窗处理可以将连续的声音信号分成多个平滑的小片段。这些片段可以被计算机逐一处理和分析，为后续的语音识别打下基础。

傅立叶变换：揭示频率成分

每帧信号都包含声音的振幅信息，但我们还需要了解它的频率成分。就像音乐分为不同的音符一样，声音信号也由不同的频率组成。

1）什么是傅立叶变换

傅立叶变换是一种数学工具，它可以将一段时间上的信号（时域信号）转换为一组频率上的信号（频域信号）。简单来说，它能够表明在一段声音信号中，不同频率的声音成分有多强。

想象一下，你正在听一首钢琴曲，你可以听出不同的音符。傅里叶变换就像是一个"频率探测器"，它能够把这首曲子分解成不同的音符，并告诉你每个音符的强度。

2）快速傅立叶变换（FFT）算法

由于傅立叶变换的计算量很大，直接计算会非常耗时。为了高效地进行傅里叶变换，我们可以使用快速傅立叶变换（FFT）算法。FFT 是一种高效的傅立叶变换算法，它能够快速地将时域信号转换为频域信号。

通过 FFT 算法，我们可以得到每帧信号的频谱。频谱显示了不同频率成分的强度，让我们知道在这段时间内，哪些频率的声音成分最强。

假设有一段声音信号，我们通过 FFT 算法对其进行处理得到了一个频谱图，如图 8-4 所示。

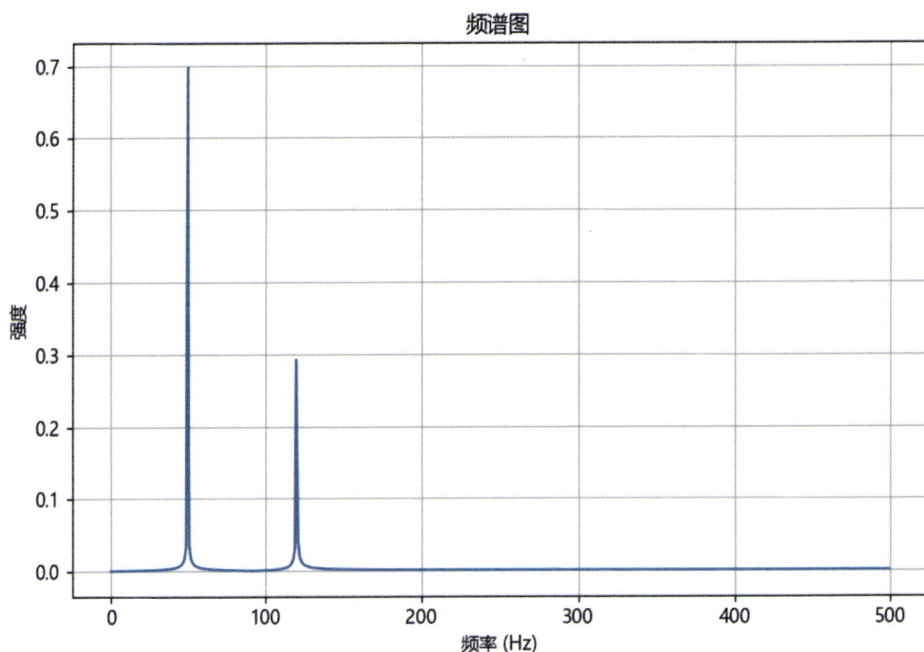

图 8-4

在频谱图中，横轴表示频率，纵轴表示强度。图上的每个峰值都代表一个频率成分，峰值越高，表示这个频率的声音成分越强。

通过观察频谱图，我们可以知道这段声音信号中包含了哪些主要频率成分。这对于后续的声音识别非常重要，因为不同的声音有不同的频率特征，通过这些特征，我们可以更准确地识别和理解声音信号。

小贴士：FFT 算法就像是给声音信号做"体检"，它可以告诉我们声音信号中有哪些"音符"及其强度，以便让计算机更好地理解和处理我们的语音。

梅尔频率倒谱系数（MFCC）：提取声音特征

前面我们已经将声音信号进行分帧和加窗处理，随后通过 FFT 算法揭示声音信号的频率成分。现在，我们将进一步处理这些频率成分，提取出能够代表声音特征的参数，这就是梅尔频率倒谱系数（MFCC）。

MFCC 是语音信号处理中最常用的特征提取方法之一。它通过模拟人耳对不同频率的敏感度来从频谱中提取能够代表声音特征的参数。这些参数能够有效代表声音的主要特征，以便后续进行声音识别。简单来说，MFCC 就像是给声音做了一个"指纹"，让计算机能够识别和区分不同的声音。

MFCC 的计算步骤如下。

1）使用梅尔滤波器组

首先，我们将使用 FFT 算法得到的频谱通过一组梅尔滤波器进行处理。

想象一下，你正在听一首乐曲，你有一组特别设计的麦克风，每个麦克风都有不同的敏感的音高，能分别听出低音、中音和高音。这些麦克风就是梅尔滤波器组，它们能把不同频率的声音门类归纳。

★ 每个梅尔滤波器都能计算出频谱在其频率范围内的总能量。

★ 这些能量值构成了滤波后的频谱，反映了声音信号在不同频率范围内的强度。

2）取对数

接下来，我们对通过梅尔滤波器组得到的能量值取对数。取对数可以将数据范围缩小，使得后续处理更加稳定。

就像你在听音乐时，把特别大的声音和特别小的声音都调到一个合理的范围内，这样你的耳朵不会受伤，也能听清所有声音。这就像是把声音的强度标准化。

3）进行离散余弦变换（DCT）

最后，我们可以用一种叫作离散余弦变换（DCT）的方法来整理这些取对数后的声音强度信息。DCT 就像是把一堆杂乱无章的书整理到书架上，让它们按照类别排列整齐。这样，我们就能够更容易地找到想要的信息。

小贴士： 按照以上步骤，从原始的声音中提取出一组特殊的数字，这些数字就是梅尔频率倒谱系数（MFCC）。它们就像是声音的 DNA，能够告诉我们声音的许多重要信息。这对语音识别系统来说非常有用，就像侦探通过线索破案一样，语音识别系统通过 MFCC 来识别和理解我们说的话。

25 语音识别的常用算法

在上一节中，我们了解了语音信号处理的各个步骤，从声音的采集、分帧与

加窗，到傅立叶变换和梅尔频率倒谱系数的提取。这些步骤帮助我们将原始的声音信号转换为计算机可以处理的特征参数。现在，让我们进入语音识别的核心部分：算法。

在这一节中，我们将介绍几种常见的语音识别算法，包括隐马尔可夫模型（HMM）、深度神经网络（DNN）、循环神经网络（RNN）和端到端语音识别模型。

隐马尔可夫模型（HMM）：语音识别的老将

隐马尔可夫模型（HMM）是语音识别领域中的一员老将。虽然随着新技术的发展，它逐渐被更先进的算法取代了，但在很长一段时间内，HMM 都是语音识别系统的核心算法，并且目前 HMM 仍然在许多应用中发挥着重要作用。

什么是 HMM

HMM 是一种统计模型，它用于描述一个包含不可直接观测的状态的随机过程。简单来说，HMM 通过一系列不可见的状态（隐藏状态）及这些状态之间转换的概率（转移概率）来模拟观测数据的生成过程。在语音识别领域，HMM 可以有效地建模声音信号的时间序列特性。

想象你在一个迷宫中，每个房间都有门通向其他房间。你可以看见房间的门（观测数据），但看不见门后的路径（隐藏状态）。HMM 就像是记录了每个房间的门和门后路径的一个地图，可以帮助你找到从起点到终点的最佳路径。

HMM 的基本组成部分

一个 HMM 通常由以下几部分组成。

1）隐藏状态

隐藏状态是指系统的内部状态，这些状态是无法直接被观测到的。在语音识别中，隐藏状态可以表示发音的不同阶段。例如，一个单词的发音可以分为几个

阶段，每个阶段对应一个隐藏状态。

想象一下，你正在一个戏院里观看一场话剧，演员在后台的换装和准备过程你是看不见的，这就像是隐藏状态。

2）观测值

观测值是指可以直接被观测到的数据。在语音识别中，观测值通常是经过特征提取后的语音信号，如 MFCC 参数。观测值是由隐藏状态通过一定概率生成的。

继续上面的例子，观测值就像是演员在台上的表演，这是你能看到的实际场景。观测值反映了隐藏状态的表现，但你不能直接看到隐藏状态。

3）初始状态概率

初始状态概率表示系统一开始处于各隐藏状态的概率。换句话说，它描述了在没有任何观测值的情况下，系统处于某个隐藏状态的可能性。

想象一下，你在进入戏院之前，会有一个工作人员告诉你演员可能从哪个位置上台（初始状态）。不同的位置有不同的概率，如主角从中间上台的概率高，而配角从侧面上台的概率高。

4）状态转移概率

状态转移概率表示从一个隐藏状态转移到另一个隐藏状态的概率。它描述了系统在不同状态之间的转换规律。

在话剧中，演员从一个场景走到另一个场景的路径就是状态转移。每个场景之间的转换都有一定的规律和概率。例如，从一个房间到另一个房间可能有几条不同的路径，每条路径的选择有一定的概率。

5）观测概率

观测概率表示在某个隐藏状态下生成某个观测值的概率。它描述了隐藏状态

是如何生成观测数据的。

在话剧的不同场景下，演员可能有不同的表演（观测值）。观测概率就是描述在某个特定场景（隐藏状态）下，演员表演某个动作或说某句话（观测值）的可能性。

小贴士：HMM 通过隐藏状态、观测值、初始状态概率、状态转移概率和观测概率构建了一个描述语音信号生成过程的统计模型。每部分都扮演着重要的角色，共同帮助 HMM 有效建模声音信号的时间序列特性，使得语音识别成为可能。通过这个模型，计算机可以更好地理解和识别语音，从而实现语音转文字的功能。

HMM 的工作原理

HMM 的工作原理可以分为 3 个主要步骤：训练、解码和评估。

1）训练

就好像侦探需要收集大量的案件线索，并尝试理解它们之间的关系一样。在 HMM 中，这个过程叫作"训练"。在训练阶段，我们可以使用大量的观测数据来训练 HMM，让它学习隐藏状态之间的转移概率，以及隐藏状态与观测数据之间的观测概率。

想象一下，侦探在案发现场找到了很多线索，他开始分析这些线索出现的规律，以及它们之间可能存在的联系。例如，他发现某种脚印总是出现在某个地点，这就是一个线索转移的规律。同时，他还注意到某种脚印的形状和大小，这帮助他推测出留下脚印的人的可能特征。在 HMM 中，这些就是转移概率和观测概率。

2）解码

一旦侦探建立了案件线索之间的关系模型，他就可以开始利用这个模型来推

测罪犯的行动轨迹了。在 HMM 中，这个过程叫作"解码"。解码的目标是根据观测到的数据序列，找出最有可能的隐藏状态序列。

就像侦探根据线索来推测罪犯的行动一样，HMM 也通过观测数据来推测隐藏状态。例如，侦探看到了一系列的脚印和指纹，他可以根据这些线索来推测罪犯可能经过的路线和停留的地点。在 HMM 中，这就是通过观测数据来推测隐藏状态的过程。

3）评估

最后，侦探需要验证他的推测是否合理。在 HMM 中，这个过程叫作"评估"。评估的目的是计算给定观测数据序列和隐藏状态序列的联合概率，也就是计算这个观测数据序列由这个隐藏状态序列生成的可能性有多大。

这就像侦探在案件调查结束后，会回顾他的推测是否合理，是否所有的线索都得到了合理的解释一样。在 HMM 中，评估就是计算观测数据序列和隐藏状态序列之间的匹配程度，查看模型是否准确描述了数据背后的隐藏状态。

小贴士： HMM 通过训练来建立模型，通过解码来找出隐藏状态，通过评估来验证推测的合理性。HMM 在很多领域中都被广泛应用，如语音识别、自然语言处理、生物信息学等，它可以帮助我们更好地理解和分析那些看不见但又能通过一些线索推测出来的复杂过程。

深度神经网络（DNN）：赋予语音识别新的生命

深度神经网络（DNN）在语音识别中的工作原理主要包括特征提取、前向传播、误差计算、反向传播和模型优化。这些步骤协同工作，使得 DNN 能够从语音信号中学习和识别语音特征。

特征提取

在语音识别的第一步, 我们需要将原始的语音信号转换为计算机能够处理的特征参数。常见的特征参数是 MFCC, 它能够有效地捕捉语音信号的主要特征。

就像你在学习一门新语言时, 首先要学会字母和基本单词, 特征提取就是这个过程, 它把语音信号变成计算机能理解的基本"字母"。

前向传播

前向传播是 DNN 的核心计算过程。在前向传播的过程中, 输入的特征参数从输入层经过多个隐藏层, 最后到达输出层。每一层的神经元都对输入数据进行加权求和, 之后通过激活函数进行非线性变换。

前向传播的主要步骤如下。

（1）输入层。接收特征参数, 如 MFCC。

（2）隐藏层。通过加权求和和激活函数处理输入数据。

（3）输出层。生成最终的输出结果, 如音素或词汇的概率分布。

想象一下, 你正在解一道数学题, 每一步的计算结果都依赖于前一步的结果, 最终得到答案。前向传播就是这样一个逐步计算的过程, 数据从输入层开始, 经过层层处理, 最后在输出层生成结果。

误差计算

误差计算是在前向传播之后进行的。通过比较 DNN 的输出结果和实际目标值, 我们可以计算出误差。常用的误差度量方法有均方误差（MSE）和交叉熵（Cross-Entropy）。

就像你在考试后对比自己的答案和标准答案, 找出自己答错的题目一样, 误差计算就是找出模型预测结果与实际结果之间的差距。

反向传播

反向传播是 DNN 训练的关键步骤。在反向传播过程中，误差从输出层逐层传回隐藏层和输入层。通过计算每一层的误差梯度，模型逐步调整每一层的权重，以减小误差。

反向传播的主要步骤如下。

（1）误差传播。从输出层开始，逐层计算误差的梯度。

（2）权重更新。根据误差梯度，调整每一层的权重参数。

就像你在考试后查看错题，通过分析错题找出学习中的薄弱环节并进行针对性的练习一样，反向传播就是找到模型中的"错题"，并调整模型参数以提高其性能。

模型优化

模型优化是通过多次迭代前向传播和反向传播，逐步调整模型的权重参数，使得模型的误差最小化。常用的优化算法是梯度下降（Gradient Descent）及其变种，如随机梯度下降（SGD）和自适应矩估计（Adam）。

模型优化的主要步骤如下。

（1）梯度计算。计算每层权重的梯度。

（2）权重更新。根据梯度和学习率更新权重参数。

循环神经网络（RNN）：记住你的每一句话

在语音识别领域，循环神经网络（RNN）是一个强大的工具。RNN 特别擅长处理序列数据，如语音信号。

什么是循环神经网络

循环神经网络是一种特殊的神经网络，它能够处理序列数据。与传统的神经

网络不同, RNN 有一个 "记忆" 机制, 它能够记住先前输入的信息, 并将其应用到当前的计算中, 使得语音识别系统能够更好地理解语音信号的上下文关系。

RNN 的基本组成部分

一个典型的 RNN 由以下几部分组成。

* 输入层: 接收输入数据。在语音识别中, 输入层用于接收经过特征提取后的语音信号, 如 MFCC 参数。

* 隐藏层: 包含循环连接的神经元, 负责处理和记忆输入序列的信息。

* 输出层: 生成最终的输出。在语音识别中, 输出层通常是音素或词汇的概率分布。

RNN 的工作原理

RNN 的工作原理可以分为以下几个步骤。

1) 前向传播

在前向传播的过程中, 输入数据从输入层经过隐藏层, 最后到达输出层。在每一个时间步, 隐藏层不仅接收当前输入, 还接收前一个时间步的隐藏状态, 这样隐藏层就可以记住前面的信息。

就像你在读一本书一样, 每读一个字, 你不仅记住了当前的字, 还记住了前面的内容。隐藏层的循环连接使得 RNN 能够记住和利用之前的信息。

2) 误差计算

输出层生成的结果与实际结果之间的差距称为误差。通过计算误差, 我们可以知道模型的预测结果与实际结果之间的差距有多大。

3) 反向传播

反向传播是 RNN 训练的关键步骤。与普通神经网络的反向传播不同, RNN

的反向传播是通过时间的反向传播（BPTT）。在 BPTT 过程中，误差从最后一个时间步逐层传回到第一个时间步，并调整每一层的权重。

就像你在考试后查看错题，通过分析错题找出学习中的薄弱环节并进行针对性的练习一样。BPTT 就是找到模型中的"错题"，并调整模型参数以提高其性能。

RNN 在语音识别中的应用

RNN 在语音识别中发挥了重要作用。下面是一个典型的 RNN 语音识别系统的工作流程。

（1）语音信号的特征提取。将原始的语音信号转换为特征参数，如 MFCC。

（2）RNN 建模。构建循环神经网络模型，包括输入层、隐藏层和输出层。

（3）模型训练。使用大量标注好的语音数据，通过前向传播、误差计算和 BPTT 步骤，训练 RNN 模型，调整其权重参数。

（4）语音解码。将新的语音信号输入训练好的 RNN 模型中，预测其对应的音素或词汇。

（5）转换为文本。将预测的音素或词汇序列转换为文本，如通过语言模型来修正和完善识别结果。

长短期记忆网络（LSTM）

虽然 RNN 在处理序列数据时有很大优势，但也有一些不足。例如，在处理长序列时，容易出现梯度消失问题。为了解决这个问题，研究人员提出了长短期记忆网络（LSTM），它是 RNN 的一种改进版本。LSTM 通过引入"记忆细胞"和"门机制"，更好地捕捉长序列中的依赖关系，避免梯度消失问题。

想象一下，你在记忆一段很长的文章，普通的 RNN 可能在读到后半段时就忘记了前面的内容，但 LSTM 就像一个有超强记忆力的学生，不仅能记住当前的

内容，还能记住前面很久之前记忆的内容。

> **小贴士：** RNN 通过其"记忆"机制，使得语音识别系统能够更好地理解语音信号的上下文关系。虽然 RNN 在处理长序列时有一些不足，但通过引入 LSTM，这些问题得到了很好的解决。

端到端语音识别模型：一条龙服务

端到端语音识别模型代表了语音识别技术的最新发展趋势。与传统的语音识别系统需要多个步骤和复杂的流程不同，端到端模型将整个语音识别过程整合到了一个统一的模型中，实现了一条龙服务。这种方法不仅提高了识别效率，还简化了系统的设计和实现。

什么是端到端语音识别模型

端到端语音识别模型是一种直接将输入的语音信号映射到输出文本的神经网络模型。与传统方法不同，它不需要将语音信号先转换为音素，再通过语言模型生成文本，而是直接从语音到文本，一步到位。

想象一下，你正在点餐，以前需要先选菜，再选调料，最后交给厨师做，现在你只需要告诉厨师你想吃什么，厨师就会直接把做好的菜端上来。端到端模型就像是这个厨师，它可以直接把语音转换为文本。

端到端语音识别模型的工作原理

端到端语音识别模型的工作原理可以分为以下几个步骤。

1）编码器

编码器将输入的语音信号分段处理，每段都需要经过一系列神经网络层，提

取出高级特征。这些特征表示了语音信号的时间序列信息和语音特征。

就像你在听一段讲座一样，编码器就是你的耳朵和大脑，它们会把讲座的内容进行处理和理解，提取出其中的关键信息。

2）注意力机制或连接时序分类（CTC）层

注意力机制或连接时序分类（CTC）层用于对齐输入和输出序列。在注意力机制中，模型会学习如何将编码器生成的特征与解码器需要生成的文本进行对齐；在 CTC 层中，模型通过优化路径的方式找到输入和输出之间的最佳匹配。

想象一下，你正在阅读一本书，注意力机制就像是你在书中找到了需要的信息；而 CTC 层就像是你把书中的内容按顺序整理成了一篇文章。

3）解码器

解码器接收编码器生成的特征，并通过一系列神经网络层将这些特征转换为输出文本。解码器会逐步生成文本的每个字符或词汇，直到生成完整的句子。

解码器就像是一个翻译官，它把编码器提取的关键信息逐步翻译成你能读懂的文字。

端到端语音识别模型的优势

端到端语音识别模型的优势如下。

* 简化流程：直接从语音到文本，避免了传统方法中多个步骤的复杂性。

* 提高效率：整体模型的训练和优化，使得语音识别的准确性和速度大大提高。

* 灵活性强：可以处理不同语言和口音的语音信号，适应性更强。

小贴士： 端到端语音识别模型通过将整个语音识别过程整合到一个统一的模型中，实现了一条龙服务。它通过编码器、注意力机制或CTC层和解码器的协同工作，高效地将语音信号转换为文本。相比传统的语音识别系统，端到端语音识别模型不仅简化了流程，提高了效率，还具有更强的适应性。

26 语音合成的基本原理

语音合成的过程就像是一场魔法秀，它能将冷冰冰的文字转变成温暖生动的声音。

文本分析与处理：从文字到声音

语音合成过程中最关键的一步是文本分析与处理，即将输入的文字信息转化为计算机能够处理的语音特征。

文本分析与处理是语音合成的第一步，它将输入的文字进行分析和转换，为后续的语音生成打下基础。这个过程包括文本规范化、分词、词性标注、音素标注和韵律处理等多个步骤。

文本规范化

文本规范化是指将输入的文本转换为标准格式。例如，将数字"123"转换为文字"一百二十三"，将缩写"Dr."转换为"Doctor"等。这个步骤确保了文本的一致性，以便后续处理。

分词和词性标注

分词是指将连续的文字序列划分成独立的词语。词性标注则是给每个词语加上词性标签，如名词、动词、形容词等。这一步有助于理解文本的结构和意义。

音素标注

音素标注是指将每个词语转换为对应的音素序列。音素是语音的最小单位，类似于字母在文字中的作用。通过音素标注，计算机能够知道每个词该是怎么发音的。

就像你在学习拼音时，为每个汉字标注上一个个拼音字母一样，音素标注就是把每个词语标注上发音单位，让计算机知道怎么读这些词。

韵律处理

韵律处理是指为文本添加合适的语调、重音和节奏，使生成的语音听起来更加自然、流畅。韵律包括音高、音长和音强等因素。

想象一下，你正在朗读一篇文章，不是平淡地读每个词，而是抑扬顿挫地朗读，有重音和节奏，这样听起来才更有感情和吸引力。韵律处理就是给计算机加上这种朗读的"感情"。

神经网络语音合成技术

神经网络语音合成是近年来语音合成领域的一项突破性技术。借助深度学习模型，使用神经网络语音合成技术能够生成非常自然、流畅的语音。

神经网络语音合成技术的原理

神经网络语音合成技术的基本原理是利用深度神经网络模型，从大量的语音和文本数据中学习语音信号的复杂特征。模型通过训练能够捕捉语音中的细微变化和复杂的时间序列模式。最终，这些模型能够将输入的文本直接转换为自然的

语音。

神经网络语音合成的主要步骤如下。

（1）数据准备。收集和预处理大量的语音和对应的文本数据。

（2）模型训练。使用深度学习算法训练神经网络模型，使其能够通过文本生成语音特征。

（3）语音生成。将训练好的模型应用于新文本，生成相应的语音信号。

常用的神经网络语音合成模型

1）WaveNet

WaveNet 是由 DeepMind 提出的一种生成模型，通过 CNN 直接生成语音波形，它能够生成高质量、自然、流畅的语音。WaveNet 的特点如下。

★ 通过直接生成波形来捕捉语音信号的细微变化。

★ 能够生成高度自然的语音，甚至可以模仿不同说话者的声音。

WaveNet 使用的是因果卷积网络（Causal Convolution），输入序列中的每个样本都依赖于前面的样本。通过大量的卷积层，模型能够生成长时间依赖的语音信号。

2）Tacotron

Tacotron 是 Google 提出的一种端到端语音合成模型，通过神经网络先将文本直接转换为频谱图，再将频谱图转换为波形。Tacotron 的特点如下。

★ 简化了传统的语音合成流程，避免了手工设计特征。

★ 生成的语音质量高，语音自然流畅。

Tacotron 由编码器和解码器组成，编码器将文本转换为特征向量，解码器将特征向量转换为频谱图。最后，通过一个神经声码器（如 WaveNet）将频谱图转

换为语音波形。

3）Transformer TTS

Transformer TTS 是基于 Transformer 架构的语音合成模型，利用自注意力机制处理长时间依赖关系，生成高质量的语音。Transformer TTS 的特点如下。

> ★ 通过自注意力机制，能够高效地捕捉长时间依赖关系。
>
> ★ 生成的语音质量高，具有较好的连贯性和自然度。

Transformer TTS 使用 Transformer 模型，将文本转换为频谱图，之后通过神经声码器将频谱图转换为语音波形。自注意力机制使得模型能够并行处理数据，提高了训练和推理效率。

小贴士：神经网络语音合成技术是语音合成技术的前沿，使用深度学习模型，能够生成自然流畅的语音。WaveNet、Tacotron 和 Transformer TTS 等模型在语音合成领域取得了显著进展，使得计算机生成的语音质量达到了前所未有的高度。虽然神经网络语音合成在计算资源和数据需求方面存在挑战，但其优越的语音质量和灵活性使其成为语音合成技术未来的发展方向。

智能语音助手的实现流程

智能语音助手之所以能够提供自然流畅的对话体验，是因为其背后复杂而精密的实现流程。这个流程确保了用户的每一次语音指令都能够被准确地理解和响应。

语音唤醒

语音唤醒是语音交互的起点。语音助手在待机状态下，能够持续监听环境中的声音，当检测到特定的唤醒词（如"Hey Siri"或"小度小度"）时，进入工

作模式。

关键技术如下。

> ★　唤醒词检测：使用功耗低且效率高的算法持续监听唤醒词。
>
> ★　噪声过滤：确保在嘈杂环境中也能准确识别唤醒词。

语音识别

一旦语音助手被唤醒，接下来的步骤就是语音识别（Automatic Speech Recognition，ASR）。在这一过程中，会将用户的语音转换为文本。

关键技术如下。

> ★　特征提取：从语音信号中提取特征，如 MFCC。
>
> ★　模型识别：通过深度神经网络（如 RNN、CNN）将语音特征转换为文字。
>
> ★　后处理：对识别结果进行语法和上下文校正，提高准确性。

自然语言处理

语音识别生成的文本需要经过自然语言处理（NLP）后才能理解用户的意图并提取关键信息。

关键技术如下。

> ★　意图识别：使用分类器或深度学习模型识别用户的意图，如查询天气、设置闹钟等。
>
> ★　实体识别：从文本中提取关键信息，如日期、时间、地点等。
>
> ★　语义分析：通过上下文理解文本的深层含义。

对话管理

对话管理是确保多轮对话顺利进行的关键环节。它包括上下文管理和对话策略制定。

关键技术如下。

> ★ 上下文管理：保持对话的历史记录，理解多轮对话中的前后关系。
>
> ★ 对话策略制定：根据用户意图和上下文制定适当的响应策略，决定下一步的动作。

任务执行

根据用户的指令，语音助手需要执行具体任务。这可能涉及查询数据库、调用 API 获取信息或控制智能家居设备。

关键技术如下。

> ★ 服务集成：与各种第三方服务和设备进行无缝集成。
>
> ★ 实时处理：确保任务执行的快速响应，提供即时反馈。

语音合成

任务执行完成后，语音助手需要将结果反馈给用户。这一步通过语音合成（Text-to-Speech，TTS）实现，将文本转换为自然流畅的语音。

关键技术如下。

> ★ 模型训练：使用大量数据训练神经网络语音合成模型（如 WaveNet、Tacotron）。
>
> ★ 语音生成：生成高质量的语音，确保自然度和流畅度。
>
> ★ 个性化设置：支持不同语音风格和角色的定制，满足用户多样化需求。

响应用户

语音合成生成的语音通过设备的扬声器播放给用户，完成整个交互流程。

关键技术如下。

> ★ 音频输出优化：确保在各种环境下语音的清晰度和可理解性。
>
> ★ 反馈机制：提供可视化或振动反馈，确认指令已被执行。

第 9 章

我与区块链和物联网的故事

在本章中，我将讲述与区块链和物联网这两位重要伙伴的合作经历。区块链可以帮助我确保数据的安全性和透明性，通过去中心化的方式保护数据免受篡改；而物联网让我能够连接无数智能设备，收集和传输海量实时数据。这两项技术的结合，不仅让数据变得更安全、可信，还扩展了我的应用领域，特别是在智能家居、智慧城市和供应链管理等方面，从而为你的生活和工作带来更多的便利与创新。

27 我与区块链的融合

在这个数字化时代，我与区块链就像两位超级英雄一样，正在悄然改变着你的世界。我强大的分析能力与区块链的去中心化和数据透明特性相结合，可为数据存储与可信计算带来全新的模式。

区块链基础：去中心化与数据透明

今天，我要和你聊聊区块链，这位和我一样炙手可热的"明星"。

什么是区块链

想象一下，你和你的朋友们正在一起玩一个需要记录分数的游戏。传统方法是由一个人（比如你）来记录每个人的分数。但是，如果你不小心记错了或者故意篡改了分数，大家就会有意见。区块链的出现，解决了这个问题。

区块链是一个去中心化的分布式账本，也就是说，分数记录不再由一个人负责，而是由所有人一起记录，任何修改都需要大家共同确认。这样，就避免了被篡改的风险。区块链的工作原理如图 9-1 所示。

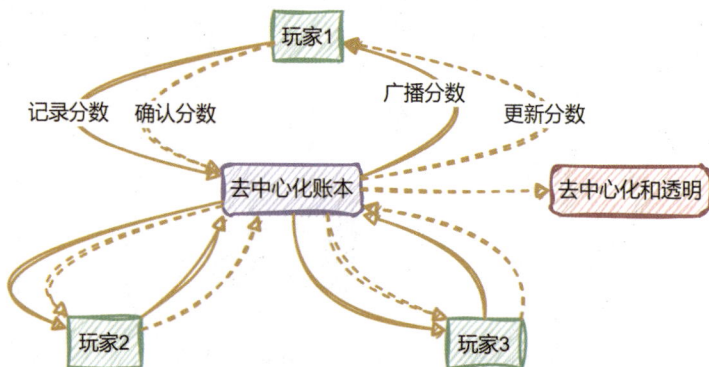

图 9-1

去中心化：权力不再集中

去中心化是区块链的核心理念之一。在传统的中心化系统中，数据由一个中心机构（如银行、公司）控制和管理。而在区块链系统中，数据分散存储在多个节点上，每个节点都有相同的权限和账本副本。

去中心化的优势如下。

* ★ 安全性更高：由于没有单一的控制点，因此黑客很难攻击整个系统。

* ★ 透明度更高：所有节点共享同一账本，任何修改都需要多数节点的认可，数据篡改难度增加。

* ★ 抗审查性强：由于没有中心机构的控制，因此数据更加自由，难以被审查和封锁。

* ★ 数据透明：一切公开可查。

区块链的另一个重要特点是数据透明。每一笔交易记录都会被打包成一个"区块"，多个区块按时间顺序连接成链条。每个区块都包含上一块的哈希值、时间戳和交易数据，形成了一个不可篡改的记录链，如图 9-2 所示。

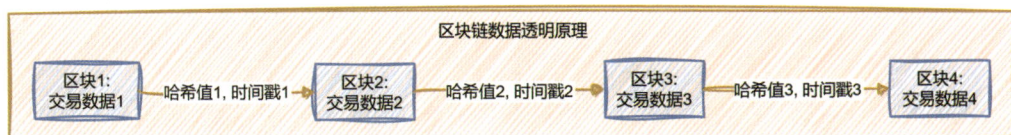

图 9-2

这种透明性的好处如下。

* ★ 防篡改：由于每个区块都依赖前一个区块的哈希值，因此篡改任何一个区块的数据都会使整个链条失效。

* ★ 公开性：所有的交易记录都可以被任何人查阅，增加了系统的可信度和透明度。

★ 可追溯性：每笔交易都有清晰的记录，任何数据的变动都可以追溯到源头。

区块链的实际应用

区块链的应用场景如下。

★ 供应链管理：通过区块链记录商品从生产到销售的每个环节，确保商品的真实性和可追溯性。

★ 数字身份验证：利用区块链进行身份验证，防止身份盗用和欺诈。

★ 医疗记录：将病人的医疗记录存储在区块链上，保证数据的完整性和隐私性。

小贴士：区块链通过去中心化和数据透明为我们提供了一种全新的数据存储和管理方式。它的出现不仅解决了传统中心化系统中的许多问题，还为我们带来了更多的创新和可能性。

我与区块链联手：数据存储与可信计算

在上一节中，我们聊了聊区块链的基础知识和它的神奇之处。现在，让我们深入探讨我和区块链是如何联手，打造更加安全、透明和高效的数据存储与计算环境的。

数据存储：区块链助我一臂之力

你知道吗？我的体型可是相当庞大，对于数据存储和管理一直都是个大问题。虽然传统的数据库系统已经很不错了，但它们仍然存在一些缺点，如数据篡改和中心化风险。而区块链的去中心化和防篡改特性，正好可以帮我解决这些问题。

在区块链中，每一笔数据记录都会被打包成"区块"，并按照时间顺序连接

成"链"。这意味着任何数据的修改都会被全网记录，并且需要得到多数节点的确认后才能被修改，所以被篡改几乎是不可能的。这对我来说，简直是数据存储的一次革命性突破。

可信计算：确保数据的真实可靠

数据存储只是第一步，如何确保计算过程的可信同样重要。区块链不仅仅是一个"账本"，它还可以进行智能合约和分布式计算，确保计算过程透明可信。

1）智能合约

智能合约是区块链上的一段代码，它们会自动执行预设的条件和规则。例如，你与朋友约定，每当他完成一次长跑（如 10 公里），你就自动给他转账 10 元作为奖励。在区块链上，你可以编写一个智能合约来实现这个约定。合约中会设定好长跑完成的标准（如通过某个运动 App 的数据验证），一旦这个条件满足，智能合约就会自动执行转账操作，而无须你手动操作或确认。这样，无论是长跑验证还是转账过程都是透明、可信的，且完全按照预设的规则自动进行，避免了人为因素的干扰。

2）分布式计算

想象一个，全球性的区块链网络，如比特币网络，它需要处理来自世界各地的大量交易数据。如果采用传统的集中式计算方式，那么所有的交易数据都需要汇总到一个中央服务器上进行处理，这样不仅处理速度慢，而且中央服务器一旦受到攻击或出现故障，整个网络就会瘫痪。

因此，在区块链网络中，采用的是分布式计算的方式。网络中的每个节点（如参与者的电脑或服务器）都会承担一部分计算任务，并行处理交易数据。这样，每个节点只需要处理一部分数据即可，大大提高了计算效率。而且，即使某个节点出现故障或被攻击，其他节点仍然可以继续工作，保证了整个区块链网络的稳定性。最终，通过所有节点的共同努力，全球性的交易数据得到了快速、准确的

处理。分布式计算的原理如图 9-3 所示。

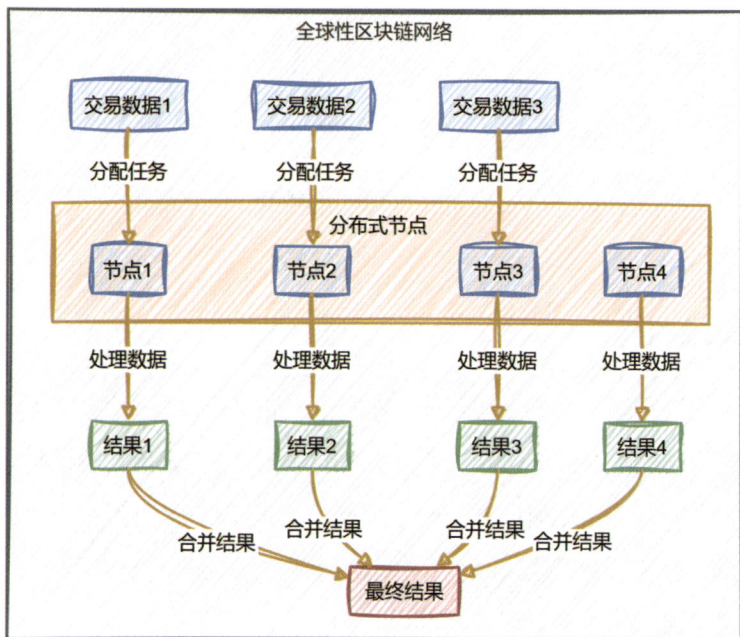

全球性区块链网络

交易数据1　　交易数据2　　交易数据3

分配任务　　　分配任务　　　分配任务

分布式节点

节点1　　　节点2　　　节点3　　　节点4

处理数据　　处理数据　　处理数据　　处理数据

结果1　　结果2　　结果3　　结果4

合并结果　合并结果　　合并结果　合并结果

最终结果

图 9-3

现实案例：医疗数据的存储与计算

为了让大家更好地理解我与区块链的合作方式，让我们来看一个现实中的示例——医疗数据的存储与计算。

医疗数据涉及患者的隐私和健康信息，其重要性不言而喻。传统的医疗数据存储方式往往集中在医院或医疗机构的服务器上，存在数据泄露和篡改的风险。而区块链的出现，解决了这些问题。

（1）数据存储。通过区块链技术，患者的医疗记录被分散存储在多个节点上，每一次数据的写入都需要得到全网的认可，保证数据的不可篡改性和透明性。这样，即使某个节点遭到攻击，其他节点的数据仍然是安全的。

（2）可信计算。利用智能合约，医生和医疗机构可以在区块链上进行患者数

据的分析和处理。智能合约会自动记录每一次数据访问和处理过程，确保所有操作都公开透明。患者也可以通过区块链查看自己的数据访问记录，保护自己的隐私。

数据存储与可信计算的过程如图 9-4 所示。

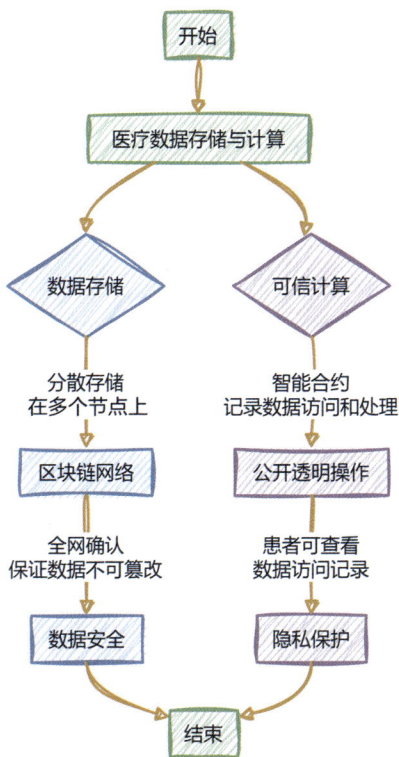

图 9-4

小贴士：区块链技术为数据存储和计算带来了全新的可能性。区块链不仅能确保数据的安全性和透明度，还能实现更加高效的分布式计算。随着技术的不断发展，今后一定可以看到更多区块链与大数据相结合的创新应用。

28　我与物联网

前面我们聊了聊区块链，这次我要带你们走进一个更加神奇的世界——物联网（IoT）。物联网是什么呢？简单来说，它就是让各种设备互联互通、彼此"对话"、共同工作的媒介。通过传感器、网络和智能算法，物联网可以收集并传输海量数据，帮助我们更好地理解和管理世界。

物联网设备：数据收集的前沿

物联网设备是数据收集的前沿先锋，随时随地捕捉人类生活中的点点滴滴。

什么是物联网设备

物联网设备是指通过网络连接的智能设备，它们配备了传感器、处理器和通信模块，能够感知、收集和传输数据。你身边的很多东西可能都是物联网设备，如智能手表、智能冰箱，甚至汽车。

物联网设备的核心组成

物联网设备之所以"聪明"，是因为它们拥有以下几个核心组件。

1）传感器

你有没有想过，物联网设备是如何感知周围环境的？答案就在这些设备安装的各种传感器上。传感器就像是物联网的感觉器官，能够帮助设备"看见"、"听见"和"感觉"这个世界。

> ★ 温度传感器：用于监测环境或物体的温度变化。例如，智能恒温器使用温度传感器来调节家中的温度。
>
> ★ 加速度传感器：检测物体的运动或位置变化。例如，智能手环利用加速度传感器来记录步数。

★ 湿度传感器：监测空气中的湿度水平。智能农业系统使用湿度传感器来管理农作物的灌溉。

2）处理器

小型计算单元负责处理从传感器中获取的数据。它们先执行简单的计算和逻辑操作，再决定下一步的行动。

3）通信模块

★ Wi-Fi 模块：让设备通过无线网络连接到互联网。例如，智能灯泡可以通过 Wi-Fi 连接到家庭网络，实现远程控制。

★ 蓝牙模块：适用于短距离无线通信。例如，智能音箱通过蓝牙连接手机播放音乐。

★ 蜂窝模块：适用于广域网通信。例如，智能汽车和远程监控设备等。

物联网设备的工作原理

物联网设备的工作原理相当有趣，让我们通过一个智能家居的示例来看看这些设备是如何收集数据的，如图 9-5 所示。

（1）感知环境。智能冰箱配备了多个传感器，包括温度传感器、湿度传感器和重量传感器。温度传感器监测冰箱内部的温度，湿度传感器记录湿度水平，重量传感器检测食物的重量变化。

（2）数据处理。这些传感器不断收集数据，并将其传递给冰箱内部的小型处理器。处理器通过分析数据来判断温度是否过高、食物是否需要补充。

（3）通信传输。处理器将分析结果通过 Wi-Fi 模块发送到手机应用上。你可以在手机上查看冰箱的状态，甚至远程调整温度。

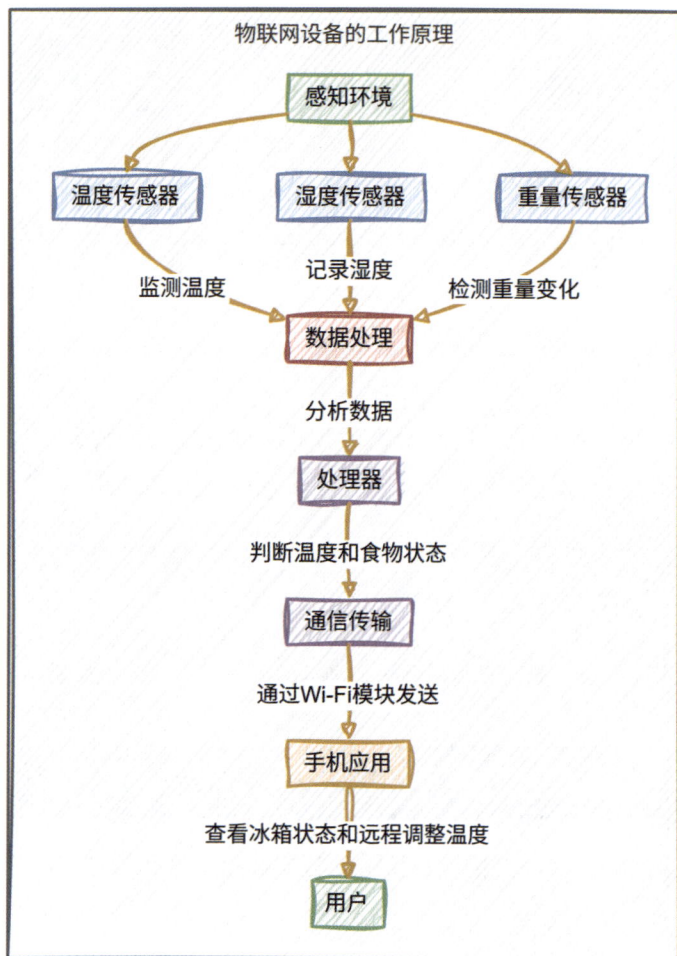

物联网设备的工作原理

感知环境

温度传感器　　湿度传感器　　重量传感器

监测温度　　　记录湿度　　　检测重量变化

数据处理

分析数据

处理器

判断温度和食物状态

通信传输

通过Wi-Fi模块发送

手机应用

查看冰箱状态和远程调整温度

用户

图 9-5

小贴士：物联网设备就像我的"触角"，让我能够细致入微地感知这个世界。它们不仅收集海量数据，还帮助人类更好地理解和管理生活中的方方面面。正因为有了这些智能设备，我才能更全面、更精准地进行分析和预测，推动社会的智慧化进程。

传感器：物联网的感觉器官

前面我们已经了解了温度传感器、湿度传感器和重量传感器。那么，这些传感器到底是什么呢？又是如何工作的呢？让我们一起来探索吧！

传感器的工作原理其实并不复杂。它们通常由一个检测元件和一个信号转换电路组成。检测元件负责感知环境变化，信号转换电路则负责将这种变化转化为电信号，并传输给处理器分析。传感器的工作原理如图 9-6 所示。

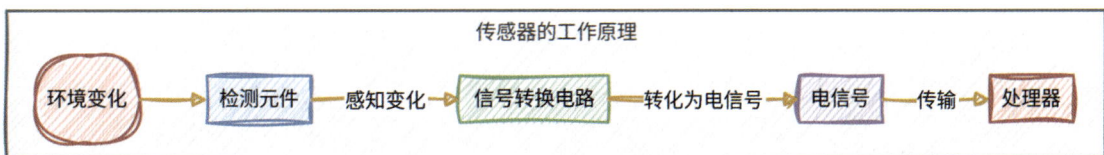

图 9-6

以温度传感器为例，温度传感器主要通过热敏电阻来感知温度变化。热敏电阻是一种对温度非常敏感的电阻器。当温度升高时，热敏电阻的电阻值会发生变化。

想象一下，当你用手触摸温度传感器时，传感器会感受到你的体温，这时候热敏电阻的电阻值将发生变化。这个变化就像是一封秘密信件，传递给了传感器的信号转换电路。信号转换电路的作用就是把这封"信"转换为电压信号。简单来说，电压信号就是电的强弱。

接着，这个电压信号会被传输到设备内部的小型处理器上。处理器就像是设备的"大脑"，它会解读电压信号，并通过事先设定的算法将其转换为温度数据。例如，处理器可能知道 1 伏的电压对应 25 摄氏度，则 2 伏的电压对应 50 摄氏度。

这种工作原理不仅适用于温度传感器，还可以应用于其他类型的传感器。让

我们看看其他几种传感器的工作原理。

（1）湿度传感器。湿度传感器通过湿敏材料感知空气中的湿度变化。湿敏材料会随着湿度的变化改变电阻或电容值，这些变化通过信号转换电路转化为电信号，最终由处理器解读为湿度数据。

（2）光线传感器。光线传感器通常使用光敏电阻来检测光的强度。当光照射在光敏电阻上时，它的电阻值会发生变化。信号转换电路会将这个变化转换为电压信号，再由处理器解读为光强度数据。

（3）加速度传感器。加速度传感器通过内部的质量块和弹簧系统检测物体的运动。当物体加速或减速时，质量块会移动，从而导致电容或电阻发生变化。信号转换电路会将这些变化转换为电信号，处理器再将其解读为加速度数据。

（4）声音传感器。声音传感器使用麦克风来检测声音的强度。麦克风将声波转换为电信号，并由信号转换电路进一步处理这个电信号，处理器最后将其解读为声音强度数据。

物联网通信协议：设备之间的语言

物联网设备能够互相"对话"并进行数据传输，全靠一种叫作通信协议的东西。这些协议就像是设备之间的语言，规定了数据如何在设备间传输，让它们能够无缝协作。今天，我们就来聊聊这些重要的"语言"。

什么是物联网通信协议

通信协议是指在网络中传输数据时所需遵循的一系列规则和标准。它确保数据能够准确、有效地从一个设备传输到另一个设备。对物联网设备来说，通信协议就是它们相互交流的基础。

例如，当两个人用中文交流时，彼此都遵循中文的语法、词汇等规则，这样

才能确保彼此能理解对方的意思。同样地，在网络或物联网设备中，如果设备 A 使用一种协议发送数据，而设备 B 使用另一种不兼容的协议接收数据，那么它们就无法正确交流，就像两个人说不同的语言时无法沟通一样。

常见的物联网通信协议

物联网世界中有许多种通信协议，每种通信协议都有自己的特点和适用场景。常见的物联网通信协议如表 9-1 所示。

表 9-1

协议名称	功能	应用场景	原理	优点	缺点
Wi-Fi	高速数据传输	家庭、办公室、公共场所	通过无线网络连接设备到互联网	高速数据传输、覆盖范围广	功耗较高
蓝牙	短距离无线通信	智能手环、音箱等小型设备	设备之间的直接通信	低功耗、低成本	传输距离短
Zigbee	低功耗、低数据速率无线通信	智能家居、工业自动化	形成网状网络，连接多个设备	超低功耗、网状网络可靠性高	数据传输速率低
LoRa	远距离低功耗无线通信	智能城市、农业监控	长距离数据传输	传输距离远、低功耗	数据速率低
蜂窝网络（4G/5G）	广域高速数据通信	车联网、远程医疗	蜂窝基站提供广域覆盖	高速传输、覆盖范围广	成本较高、功耗较大

LoRa（Long Range）

在近几年的物联网领域中，LoRa（Long Range）协议变得非常流行。它的低功耗和长距离传输特性使其非常适合广泛的物联网应用场景。

想象一下，你想把一个小秘密（数据）悄悄地告诉你远处的朋友，但是又怕别人听到或信号不好传不过去。LoRa 协议就像是一个特别聪明的"信使"，它用一种特别的方法——扩频调制技术，来帮你传递这个小秘密。

扩频调制就像是把你的秘密变成了一首长长的、复杂的歌。这首歌听起来可能很奇怪，有很多高低起伏的声音，但它有一个好处：即使周围很吵（信噪比低），

或者你和你的朋友离得很远，这首歌（你的秘密）也能完整地传到你朋友那里，他可以清晰地听到你的秘密了。

所以，LoRa 协议就像是一个能让秘密（数据）在长距离传输中保持完整，并且不容易被别人听到的超级"信使"！

Zigbee

1）什么是 Zigbee

Zigbee 协议专为低功耗、低数据速率的物联网应用设计。它使用 2.4 GHz 的频段进行无线通信，特别适合短距离通信。

Zigbee 就像是一个小小的无线对讲机，但是它更聪明、更省电。它可以让家里的灯泡、空调、窗帘，还有工厂里的各种机器，不用拉线就能互相"交流"（传递信息）。

2）Zigbee 的工作原理

Zigbee 可以组成很多不同形状的网络，如星星形状（一个中心控制很多设备）、树形状（设备一级一级连起来）和网状（设备之间像蜘蛛网一样互相连接）。这样，即使某个设备坏了，信息也能找到别的通路传过去。

在 Zigbee 协议中有以下三种重要的角色。

★ 协调器：小区的保安室，负责建立和管理整个网络。

★ 路由器：小区中的每条小路，帮助信息找到最快的路传到目的地。

★ 终端设备：家里的电器，可以接收和发送信息，但不能像路由器那样转发信息。

当你想让家里的灯泡亮起来时，你的手机或遥控器会发送一个信号给协调器，由协调器告诉路由器这个信号，路由器找到灯泡所在的路并连通后，灯泡就亮了。

整个过程就像在玩一个传递悄悄话的游戏，但是速度非常快，而且非常省电。

Zigbee 通信过程如图 9-7 所示。

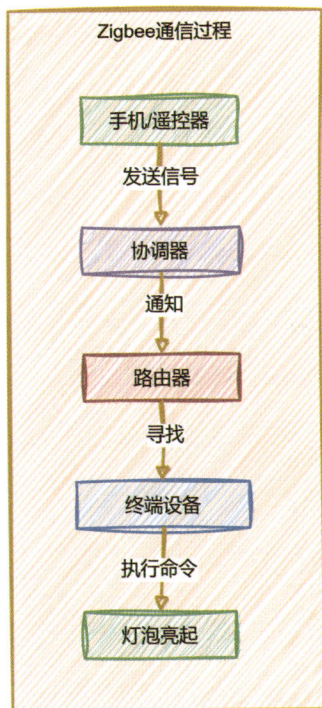

图 9-7

Zigbee 在智能家居中的应用

在智能家居中，Zigbee 设备通过无线网络互相连接，实现家庭自动化和远程控制。

* 智能灯泡控制：通过 Zigbee 网络，用户可以使用手机应用或语音助手远程控制家中的灯泡，实现开关、调光、调色等功能。

* 安全监控：Zigbee 门窗传感器可以监测家中的门窗状态，当检测到异常开启时，发送警报到用户的手机上。

★ 温控系统：智能温控器通过 Zigbee 网络连接到家中的其他设备，根据温度传感器的数据自动调节室内温度，提供舒适的居住环境。

小贴士：物联网通信协议是设备之间顺畅交流的关键。通过了解和选择合适的通信协议，物联网设备可以更好地互联互通，充分发挥潜力，从而为人类带来更加智能和便捷的生活。

我在物联网中的应用：智能家居与智慧城市

上一节我们了解了物联网设备是如何在彼此间进行通信的，现在让我们来看看我——大数据，在物联网中的具体应用。特别是在智能家居和智慧城市这两个令人兴奋的领域中，我可是扮演着重要的角色哦！

智能家居：让生活更便捷

智能家居是物联网技术的一个重要应用场景，通过连接和控制家中的各种设备，让人类的生活变得更加便捷和高效。

1）智能恒温器

★ 数据收集：智能恒温器配备温度传感器，可以实时监测室内温度。

★ 数据分析：分析室内温度变化和用户的作息习惯，找出最佳的温度调节方案。

★ 自动调节：根据分析结果，自动调节室内温度，保持舒适的环境，同时节省能源。

2）智能灯光系统

★ 数据收集：记录用户开关灯的时间和亮度偏好。

★ 数据分析：通过分析收集到的数据，了解用户的日常习惯，如什么时候起床、什么时候睡觉等。

★ 自动控制：当感知到用户起床时，灯光会自动亮起；当感知到用户入睡时，灯光会逐渐变暗，营造出一个舒适的环境。

3）智能安防系统

★ 数据收集：摄像头和传感器监测家庭周围的活动。

★ 数据分析：通过分析视频和传感器数据，识别潜在的安全威胁，如有人试图非法闯入。

★ 实时警报：当发现异常情况时，立即向用户发送警报，并记录事件的详细信息。

智慧城市：让城市更智能

智慧城市是将物联网技术应用于城市管理和服务的一个宏伟计划。通过整合城市中的各种数据源，我能够帮助城市变得更加智能、高效和宜居。以下是几个具体的应用场景。

1）智能交通系统

在城市中，交通部门安装了大量的交通摄像头和传感器，实时监测各主要路口和干道的车辆流量。我会将这些数据汇集起来，进行深度分析，找出交通堵塞的主要原因和高峰时段。通过这些数据，我生成了一套优化方案，并与交通信号系统联动。

每天早晚高峰期间，系统会根据实时的交通流量数据动态调整红绿灯的时间，优先让车流量大的道路通行。同时，系统还会通过手机应用向司机们提供实时的交通信息和建议路线，帮助他们避开拥堵路段。从而大大缩短了市民的通勤时间，交通拥堵问题也得到了明显缓解。

2）智能垃圾管理

★ 数据收集：垃圾桶中的传感器监测填充水平。

★ 数据分析：分析不同地区的垃圾生成量和收集频率。

★ 优化收集路线：根据分析结果，规划最优的垃圾收集路线，提高收集效率，减少燃料消耗和环境污染。

3）智能水资源管理

★ 数据收集：收集水质传感器监测水源的质量和供应情况。

★ 数据分析：分析水质和用水数据，识别出潜在的污染源和用水高峰时段。

★ 资源调配：根据分析结果，优化水资源的分配和使用情况，确保水质安全和供应稳定。

小贴士： 智能家居和智慧城市的应用只是我在物联网中的一部分，随着技术的发展，我的"触角"会伸向更多领域，带来更多便利和创新。通过物联网设备的强大感知能力和我的数据分析能力，我们正在共同构建一个更加智能、高效的未来世界。